もくじ

東京書籍版　数学2年

テストの範囲や学習予定日をかこう！

学習計画	
出題範囲	学習予定日
5/14 テストの日	5/10
	5/11

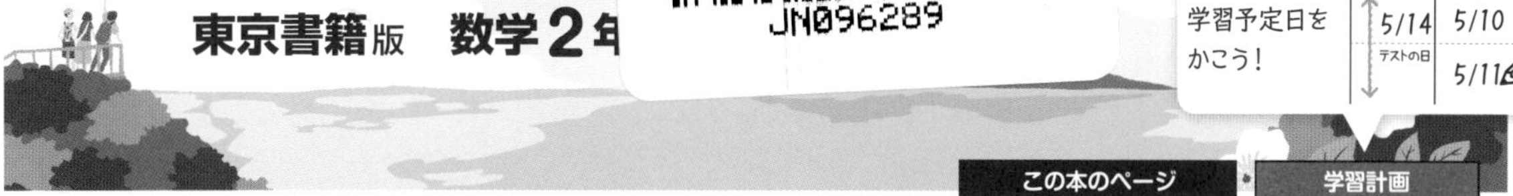

	教科書ページ	この本のページ ココが要点 テスト対策問題	この本のページ 予想問題	学習計画 出題範囲	学習計画 学習予定日
1章　［式の計算］文字式を使って説明しよう					
1節 式の計算	9~20	2~3	4~5		
1節 式の計算　2節 文字式の利用	19~29	6~7	8~9		
章末予想問題	9~34		10~11		
2章　［連立方程式］方程式を利用して問題を解決しよう					
1節 連立方程式とその解き方	35~48	12~13	14~15		
2節 連立方程式の利用	49~53	16~17	18~19		
章末予想問題	35~56		20~21		
3章　［1次関数］関数を利用して問題を解決しよう					
1節 1次関数　2節 1次関数の性質と調べ方	57~74	22~23	24~25		
3節 2元1次方程式と1次関数　4節 1次関数の利用	75~88	26~27	28~29		
章末予想問題	57~94		30~31		
4章　［平行と合同］図形の性質の調べ方を考えよう					
1節 説明のしくみ　2節 平行線と角	95~110	32~33	34~35		
3節 合同な図形	111~121	36~37	38~39		
章末予想問題	95~124		40~41		
5章　［三角形と四角形］図形の性質を見つけて証明しよう					
1節 三角形	125~138	42~43	44~45		
2節 平行四辺形	139~155	46~47	48~49		
章末予想問題	125~158		50~51		
6章　［確率］起こりやすさをとらえて説明しよう					
1節 確率	159~166	52~53	54~55		
1節 確率　2節 確率による説明	167~173	56~57	58~59		
章末予想問題	159~176		60~61		
7章　［データの比較］データを比較して判断しよう					
1節 四分位範囲と箱ひげ図	177~185	62~63			
章末予想問題	177~189		64		

解答と解説　別冊

ふろく　テストに出る！ **5分間攻略ブック**　別冊

1章 [式の計算] 文字式を使って説明しよう

1節 式の計算

テストに出る！ 教科書のココが要点

さらっとまとめ (赤シートを使って，□に入るものを考えよう。)

1 単項式と多項式 教 p.12～p.13

・数や文字についての乗法だけでつくられた式を [単項式] という。 例 $3ab$，$-4x^2$

・単項式の和の形で表された式を [多項式] といい，そのひとつひとつの単項式を，多項式の [項] という。 例 $5x+2$（$5x$，2 が項），$3a^2+7ab+1$（$3a^2$，$7ab$，1 が項）

・単項式でかけられている文字の個数を，その式の [次数] という。

・多項式では，各項の次数のうちでもっとも大きいものを，その多項式の [次数] という。

2 多項式の計算 教 p.13～p.16

・文字の部分が同じである項を [同類項] といい，分配法則を使って 1 つの項にまとめることができる。 例 $4x+6y+(-3x)+2y$（$4x$ と $-3x$ が同類項，$6y$ と $2y$ が同類項）

3 単項式の乗法と除法 教 p.17～p.19

・単項式どうしの乗法は，[係数] の積に文字の積をかける。

・単項式どうしの除法は，[分数] の形になおして約分する。

スピード確認 (□に入るものを答えよう。答えは，下にあります。)

1

□ $5x^2-3y-2$ の項は，[①] である。

★$5x^2+(-3y)+(-2)$ と単項式の和の形で表してみる。

□ $-7x^3y$ の次数は [②] である。

□ $2ab^2-5a^2+4b$ は [③] 次式である。

2

□ $3x+5y-x+4y=$ [④] $x+$ [⑤] y

★同類項は，分配法則を使って 1 つの項にまとめる。

□ $(3a+b)-(a-4b)=3a+b-a$ [⑥] $b=$ [⑦]

★ひくほうの多項式の各項の符号を変えて加える。

□ $3(2x-y)-2(x-3y)=6x-3y-2x$ [⑧] $y=$ [⑨]

3

□ $7a\times(-3b)=7\times(-3)\times a\times b=$ [⑩]（$7\times(-3)$：係数の積，$a\times b$：文字の積）

□ $24xy\div(-8x)=-\dfrac{24xy}{8x}=-\dfrac{\overset{3}{\cancel{24}}\times\overset{1}{\cancel{x}}\times y}{\underset{1}{\cancel{8}}\times\underset{1}{\cancel{x}}}=$ [⑪]

①＿＿＿
②＿＿＿
③＿＿＿
④＿＿＿
⑤＿＿＿
⑥＿＿＿
⑦＿＿＿
⑧＿＿＿
⑨＿＿＿
⑩＿＿＿
⑪＿＿＿

答 ①$5x^2$，$-3y$，-2 ②4 ③3 ④2 ⑤9 ⑥$+4$ ⑦$2a+5b$ ⑧$+6$ ⑨$4x+3y$ ⑩$-21ab$ ⑪$-3y$

解答 p.1

基礎力UP テスト対策問題

1 単項式と多項式　次の問に答えなさい。

(1) 単項式 $-5ab^2$ の係数と次数をいいなさい。

(2) 多項式 $4x-3y^2+5$ の項と次数をいいなさい。

2 多項式の計算　次の計算をしなさい。

(1) $5x+4y-2x+6y$　(2) $(7x+2y)+(x-9y)$

(3) $(5x-7y)-(3x-4y)$　(4) $5(2x-3y+6)$

(5) $4(2x+y)+2(x-3y)$　(6) $5(2x-y)-2(x-4y)$

3 単項式の乗法と除法　次の計算をしなさい。

(1) $4x\times3y$　(2) $(-4ab)\times3c$

(3) $-8x^2\times(-4y^2)$　(4) $36x^2y\div4xy$

(5) $12ab^2\div(-6ab)$　(6) $(-9ab^2)\div3b$

テスト対策ナビ

絶対に覚える!

係数

$\underline{-5}\times ⓐ\times ⓑ\times ⓑ$

文字の数 3 個

➡次数 3

ミス注意!

かっこをはずすときは，符号に注意する。

$(5x-7y)-(3x-4y)$

$=5x-7y⊖3x⊕4y$

符号が変わる

3 (1) $4x\times3y$

$=\underline{4\times3}\times\underline{x\times y}$

係数の積　文字の積

(4) $36x^2y\div4xy$

$=\dfrac{36x^2y}{4xy}$

$=\dfrac{\overset{9}{\cancel{36}}\times\overset{1}{\cancel{x}}\times x\times\overset{1}{\cancel{y}}}{\underset{1}{\cancel{4}}\times\underset{1}{\cancel{x}}\times\underset{1}{\cancel{y}}}$

約分できるときは約分しよう。

テストに出る！

予想問題 ① 1章［式の計算］文字式を使って説明しよう 1節 式の計算

20分 /16問中

1 多項式の項と次数　次の多項式の項をいいなさい。また，何次式かいいなさい。

(1) $x^2y+xy-3x+2$　(2) $-s^2t^2+st+8$

2 よく出る　多項式の加法と減法　次の計算をしなさい。

(1) $7x^2-4x-3x^2+2x$　(2) $8ab-2a-ab+2a$

(3) $(5a+3b)+(2a-7b)$　(4) $(a^2-4a+3)-(a^2+2-a)$

(5)
$$\begin{array}{rr} & 3a+\ b \\ +) & a-2b \\ \hline \end{array}$$

(6)
$$\begin{array}{rr} & 5x-2y-3 \\ -) & x+3y-8 \\ \hline \end{array}$$

3 文字が 2 つの多項式と数の乗法，除法　次の計算をしなさい。

(1) $-4(3a-b+2)$　(2) $(-6x-3y+15)\times\left(-\frac{1}{3}\right)$

(3) $(-6x+10y)\div 2$　(4) $(32a-24b+8)\div(-4)$

4 いろいろな計算　次の計算をしなさい。

(1) $\frac{x+2y}{3}+\frac{3x-y}{4}$　(2) $\frac{3a+b}{5}-\frac{4a+3b}{10}$

(3) $\frac{2a-3b}{2}-\frac{5a-b}{3}$　(4) $x-y-\frac{3x-2y}{7}$

成績UPナビ

3 多項式と数の除法は，乗法になおして計算する。

4 分数の形の式の加減は，通分して，1つの分数にまとめて計算する。

テストに出る！

予想問題 ❷ 1章［式の計算］文字式を使って説明しよう 1節 式の計算

🕓20分　/13問中

1 単項式の乗法　次の計算をしなさい。

(1) $3x \times 2xy$　(2) $-\frac{1}{4}m \times 12n$

(3) $5x \times (-x^2)$　(4) $-2a \times (-b)^2$

2 単項式の除法　次の計算をしなさい。

(1) $8bc \div 2c$　(2) $3a^2b^3 \div 15ab$

(3) $(-9xy^2) \div \frac{1}{3}xy$　(4) $\left(-\frac{ab^2}{2}\right) \div \frac{1}{4}a^2b$

3 よく出る　乗法と除法の混じった式の計算　次の計算をしなさい。

(1) $x^3 \times y^2 \div xy$　(2) $ab \div 2b^2 \times 4ab^2$

(3) $a^3b \times a \div 3b$　(4) $(-12x) \div (-2x)^2 \div 3x$

4 式の計算　底面の１辺の長さが x cm，高さが y cm の正四角柱Aと，底面の１辺の長さがAの２倍で，高さが半分の正四角柱Bがあります。Bの体積はAの体積の何倍になりますか。

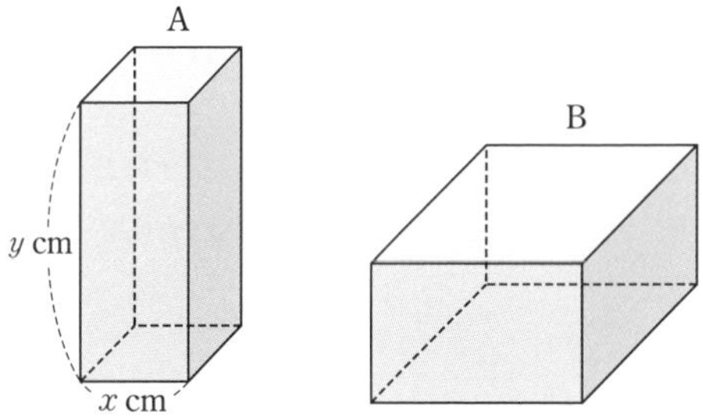

成績UPナビ

4 正四角柱 A，B ともに底面は正方形。正四角柱Bの底面の１辺の長さは $2x$ cm，高さは $\frac{1}{2}y$ cm になる。

1節 式の計算　2節 文字式の利用

テストに出る! 教科書のココが要点

さらっとまとめ（赤シートを使って，□に入るものを考えよう。）

1 式の値 教 p.19

・式の値を求めるときは，式を［計算］してから数を代入すると，求めやすくなる。

2 式による説明 教 p.21〜p.26

・3つの続いた整数のうち，もっとも小さい整数を n とすると，3つの続いた整数は，［n］，［$n+1$］，［$n+2$］と表される。

・2けたの自然数は，十の位を x，一の位を y とすると，［$10x+y$］と表される。

・偶数は，m を整数とすると，［$2m$］と表される。

・奇数は，n を整数とすると，［$2n+1$］と表される。

3 等式の変形 教 p.27〜p.29

・等式を $x=$▬ の形に変形することを，［x について解く］という。

例 $5y+x=6$ を x について解くと，$x=6-5y$

スピード確認（□に入るものを答えよう。答えは，下にあります。）

1

□ $x=2$，$y=1$ のとき，$6x^2y \div 2x$ の値を求めなさい。

$6x^2y \div 2x = \dfrac{6x^2y}{2x}$

$= $［①］$xy$

これに，x，y の値を代入すると，

［①］$xy=$［②］

2

□ 3つの続いた整数の和が3の倍数になることを，もっとも大きい整数を n として説明しなさい。

〔説明〕 3つの続いた整数は $n-2$，$n-1$，n と表される。

したがって，それらの和は

$(n-2)+(n-1)+n=3n-3=$［③］　←★3×(整数) の形に変形する

$n-1$ は整数だから，［③］は3の倍数である。

したがって，3つの続いた整数の和は3の倍数になる。

3

□ 等式 $x+2y=8$ を，y について解くと，$y=\dfrac{［④］+8}{2}$

★$y=-\dfrac{x}{2}+4$ としてもよい。

□ 等式 $3ab=7$ を，b について解くと，$b=\dfrac{7}{［⑤］}$

①
②
③
④
⑤

答 ①3　②6　③$3(n-1)$　④$-x$　⑤$3a$

解答 p.2

基礎力UP テスト対策問題

1 式の値　$a=-2$，$b=3$ のとき，次の式の値を求めなさい。

(1)　$2(a+2b)-(3a+b)$

(2)　$14ab^2\div 7b$

2 式による説明　n を整数とするとき，(1)，(2)の整数を表す式を，㋐～㋗の中から，すべて選びなさい。

(1)　5 の倍数　　(2)　9 の倍数

㋐　$5n+1$	㋑　$5n$	㋒　$5(n+1)$	㋓　$\frac{n}{5}$
㋔　$9n-1$	㋕　$9(n-1)$	㋖　$9n$	㋗　$\frac{1}{9}n$

3 式による説明　十の位が x，一の位が y の 2 けたの自然数があります。この 2 けたの自然数と，その自然数の一の位の数字と十の位の数字を入れかえてできる数との和を，x，y を使って，表しなさい。

4 等式の変形　次の等式を〔　〕の中の文字について解きなさい。

(1)　$x+3=2y$　〔x〕　　(2)　$\frac{1}{2}x=y+3$　〔x〕

(3)　$5x+10y=20$　〔x〕　　(4)　$7x-6y=11$　〔y〕

テスト対策ナビ

絶対に覚える!

式の値を求めるときは，式を計算してから数を代入する。

2 (1)　5×(整数)

(2)　9×(整数)

の形になっているものを選ぶ。

n が整数なら，$n+1$ や $n-1$ も整数だね。

3 ・はじめの自然数

$10x+y$

・入れかえた自然数

$10y+x$

思い出そう!

等式の性質

$A=B$ ならば

1　$A+C=B+C$

2　$A-C=B-C$

3　$AC=BC$

4　$\frac{A}{C}=\frac{B}{C}$　$(C\neq 0)$

5　$B=A$

テストに出る!
予想問題 ❶　1章［式の計算］文字式を使って説明しよう　1節 式の計算　2節 文字式の利用

⏱20分　／7問中

1 よく出る　式の値　次の問に答えなさい。

(1) $a=-2$, $b=3$ のとき，次の式の値を求めなさい。

① $4(3a-2b)-3(5a-3b)$　　② $4(2a+3b)-5(2a-b)$

(2) $x=-3$, $y=\frac{1}{4}$ のとき，次の式の値を求めなさい。

① $12x^2y\div 2xy$　　② $8x^3y^2\div(-2x^2y)$

2 式による説明　2つの続いた整数の和は奇数になります。このことを，次の□をうめて説明しなさい。

〔説明〕　2つの続いた整数を n, $n+1$ とすると，それらの和は

$n+(n+1)=2n+$ ①□

$2n$ は ②□ だから，$2n+$ ③□ は奇数になる。

したがって，2つの続いた整数の和は，奇数になる。

3 よく出る　式による説明　5つの続いた整数の和は，5の倍数になります。このことを，中央の整数を n として説明しなさい。

4 式による説明　2けたの自然数から，その自然数の一の位の数字と十の位の数字を入れかえた数をひいた差は，9の倍数になります。このことを，文字を使って説明しなさい。

成績UPナビ
1 負の数を代入するときは，(　)をつけて代入する。
2 奇数になることを説明するために，和が偶数+1の形で表されることを示す。

テストに出る！

予想問題 ❷

1章［式の計算］文字式を使って説明しよう

1節 式の計算　2節 文字式の利用

⏱20分　/10問中

1 式による説明　右の図は，ある月のカレンダーです。

日	月	火	水	木	金	土
		1	2	3	4	5
6	7	8	9	10	11	12
13	14	15	16	17	18	19
20	21	22	23	24	25	26
27	28	29	30	31		

(1) □のように，縦に3つ囲んだ数の和は，真ん中の数の3倍になります。このことを，真ん中の数を n として説明しなさい。

(2) ⬚のように，斜(なな)めに3つ囲んだ数の和については，どのような性質が成り立ちますか。

2 よく出る　等式の変形　次の等式を〔　〕の中の文字について解きなさい。

(1) $5x+3y-4$　〔y〕

(2) $4a-3b-12-0$　〔a〕

(3) $\frac{1}{3}xy=\frac{1}{2}$　〔y〕

(4) $\frac{1}{12}x+y=\frac{1}{4}$　〔x〕

(5) $3a-5b=9$　〔b〕

(6) $c=ay+b$　〔y〕

3 等式の変形　次の等式を〔　〕の中の文字について解きなさい。

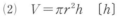

(1) $S=ab$　〔b〕

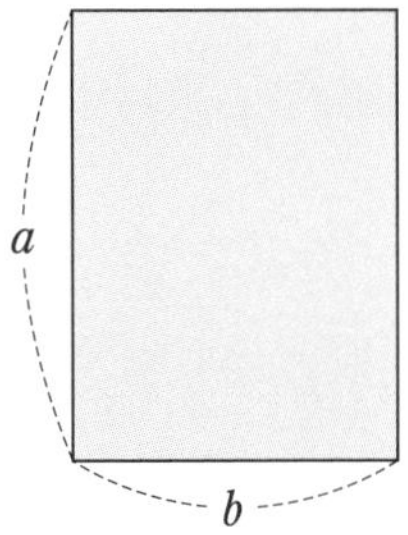

(2) $V=\pi r^2h$　〔h〕

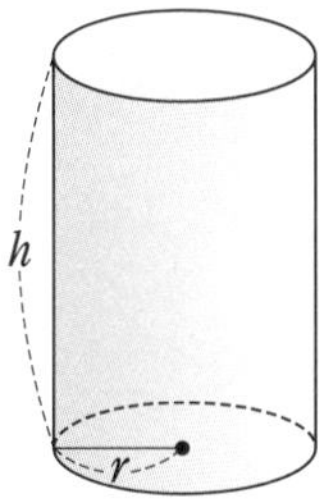

成績UPナビ

2 (3) 両辺に3をかけて左辺の分母をはらう。
(6) y をふくむ項は右辺にあるので，両辺を入れかえてから変形してもよい。

テストに出る！

章末予想問題 1章 [式の計算] 文字式を使って説明しよう

30分 /100点

1 次の式の項をいいなさい。また，何次式かいいなさい。 4点×2〔8点〕

(1) $2x^2+3xy+9$ (2) $-2a^2b+\frac{1}{3}ab^2-4a$

2 次の計算をしなさい。 5点×8〔40点〕

(1) $6x^2+3x-4x-2x^2$ (2) $8(a-2b)-3(b-2a)$

(3) $-\frac{3}{4}(-8ab+4a^2)$ (4) $(9x^2-6y)\div\left(-\frac{3}{2}\right)$

(5) $\frac{3a-2b}{4}-\frac{a-b}{3}$ (6) $(-3x)^2\times\frac{1}{9}xy^2$

(7) $(-4ab^2)\div\frac{2}{3}ab$ (8) $4xy^2\div(-12x^2y)\times(-3xy)^2$

3 $x=2$，$y=-\frac{1}{3}$ のとき，次の式の値を求めなさい。 5点×3〔15点〕

(1) $(3x+2y)-(x-y)$ (2) $12x^2y\div4x$

(3) $18x^3y\div(-6xy)\times2y$

4 差がつく 奇数と偶数の和は奇数になることを，文字を使って説明しなさい。 〔7点〕

解答 p.3

満点ゲット作戦

除法は分数の形に，乗除の混じった計算は，乗法だけの式になおして計算する。**例** $3a \div \frac{1}{6}b \times 2a = 3a \times \frac{6}{b} \times 2a$

ココが要点を再確認 もう一歩 合格
0 70 85 100点

5 次の等式を〔 〕の中の文字について解きなさい。 5点×6〔30点〕

(1) $3x+2y=7$ 〔y〕

(2) $V=abc$ 〔a〕

(3) $y=4x-3$ 〔x〕

(4) $2a-b=c$ 〔b〕

(5) $V=\frac{1}{3}\pi r^2 h$ 〔h〕

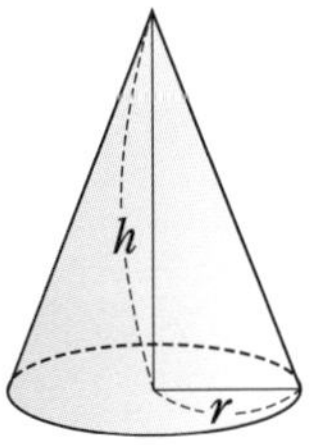

(6) $S=\frac{1}{2}(a+b)h$ 〔a〕

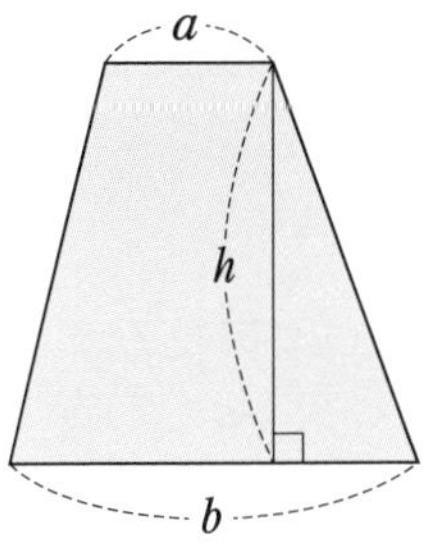

1	(1) 項：	次式	(2) 項：	次式

2	(1)	(2)	(3)
	(4)	(5)	(6)
	(7)	(8)	
3	(1)	(2)	(3)
4			
5	(1)	(2)	(3)
	(4)	(5)	(6)

1	/8点	**2**	/40点	**3**	/15点	**4**	/7点	**5**	/30点

2章 [連立方程式] 方程式を利用して問題を解決しよう

1節 連立方程式とその解き方

テストに出る! 教科書のココが要点

さらっとまとめ (赤シートを使って，□に入るものを考えよう。)

1 連立方程式とその解 教 p.38〜p.39

・２つの文字をふくむ１次方程式を [２元１次方程式] という。

・２元１次方程式を成り立たせる文字の値の組を，２元１次方程式の [解] という。

・２つ以上の方程式を組み合わせたものを [連立方程式] という。

・連立方程式を成り立たせる文字の値の組を，連立方程式の [解] といい，解を求めることを，連立方程式を [解く] という。

2 連立方程式の解き方 教 p.40〜p.47

・連立方程式を解くためには，[加減法] または [代入法] によって，１つの文字を [消去して] 解く。

スピード確認 (□に入るものを答えよう。答えは，下にあります。)

1

□ 次の㋐〜㋒のなかで，２元１次方程式 $2x+y=7$ の解は [①]。

㋐ $x=1$，$y=5$　㋑ $x=2$，$y=-3$　㋒ $x=4$，$y=1$

□ 次の㋐〜㋒のなかで，連立方程式 $\begin{cases} x+y=7 \\ x-y=1 \end{cases}$ の解は [②]。

㋐ $x=6$，$y=1$　㋑ $x=2$，$y=5$　㋒ $x=4$，$y=3$

★２つの方程式を同時に成り立たせる x，y の値の組を見つける。

2

□ 連立方程式 $\begin{cases} -x+y=7 & \cdots\cdots① \\ 3x+2y=4 & \cdots\cdots② \end{cases}$ を解きなさい。

【加減法】

y の係数の絶対値をそろえて左辺どうし，右辺どうしひく。

①×2　$-2x+2y=14$

②　$-)\ 3x+2y=4$

[③]x $=10$

$x=$[④]

①に代入すると，$y=$[⑤]

答 $x=$[④]，$y=$[⑤]

【代入法】

①を y について解き，それを②に代入する。

①より，$y=x+7$ ……③

③を②に代入すると，

$3x+2(x+7)=4$

よって，$x=$[⑥]

③に代入すると，$y=$[⑦]

答 $x=$[⑥]，$y=$[⑦]

①＿＿＿＿
②＿＿＿＿
③＿＿＿＿
④＿＿＿＿
⑤＿＿＿＿
⑥＿＿＿＿
⑦＿＿＿＿

加減法と代入法，どちらの方法でも解けるようにしよう。

答 ①㋐　②㋒　③−5　④−2　⑤5　⑥−2　⑦5

解答 p.4

基礎力UP テスト対策問題

1 連立方程式とその解　次の連立方程式のうち，$x=-1$，$y=3$ が解となるのは，どれですか。

㋐ $\begin{cases} 2x+y=5 \\ 3x+2y=3 \end{cases}$　㋑ $\begin{cases} x+2y=5 \\ 3x-2y=-9 \end{cases}$　㋒ $\begin{cases} 2x+3y=7 \\ 2x+y=5 \end{cases}$

2 加減法　次の連立方程式を，加減法で解きなさい。

(1) $\begin{cases} 5x+2y=4 \\ x-2y=8 \end{cases}$　(2) $\begin{cases} 2x+3y=11 \\ 2x-y=-1 \end{cases}$

(3) $\begin{cases} 3x+2y=7 \\ x+5y=11 \end{cases}$　(4) $\begin{cases} 4x+3y=18 \\ -5x+7y=-1 \end{cases}$

3 代入法　次の連立方程式を，代入法で解きなさい。

(1) $\begin{cases} x+y=10 \\ y=4x \end{cases}$　(2) $\begin{cases} y=2x+1 \\ y=5x-8 \end{cases}$

(3) $\begin{cases} 4x-5y=13 \\ x=3y-2 \end{cases}$　(4) $\begin{cases} y=x+1 \\ 3x-2y=-7 \end{cases}$

4 いろいろな連立方程式　次の連立方程式を解きなさい。

(1) $\begin{cases} 8x-5y=13 \\ 10x-3(2x-y)=1 \end{cases}$　(2) $\begin{cases} 3x+2y=4 \\ \frac{1}{2}x-\frac{1}{5}y=-2 \end{cases}$

(3) $\begin{cases} 2x+3y=-2 \\ 0.3x+0.7y=0.2 \end{cases}$　(4) $3x+2y=5x+y=7$

テスト対策ナビ

絶対に覚える!

■連立方程式の解
➡どの方程式も成り立たせる文字の値の組。

ポイント

■加減法
どちらかの文字の係数の絶対値をそろえ，左辺どうし，右辺どうしを加えたりひいたりして，その文字を消去して解く方法。

ポイント

■代入法
一方の式を他方の式に代入して文字を消去して解く方法。

ミス注意!

多項式を代入するときは，(　)をつける。

絶対に覚える!

かっこをふくむ式
➡かっこをはずす。

分数や小数をふくむ式
➡係数が全部整数になるように変形する。

$A=B=C$ の式
➡$A=B$，$A=C$，$B=C$ のうち，2つを組み合わせる。

テストに出る！

予想問題 ①

2章［連立方程式］方程式を利用して問題を解決しよう
1節 連立方程式とその解き方

20分　/12問中

1 加減法と代入法　次の連立方程式を解きなさい。

(1) $\begin{cases} 2x+3y=17 \\ 3x+4y=24 \end{cases}$

(2) $\begin{cases} 8x+7y=12 \\ 6x+5y=8 \end{cases}$

(3) $\begin{cases} x=4y-10 \\ 3x-y=-8 \end{cases}$

(4) $\begin{cases} 5x=4y-1 \\ 5x-3y=-7 \end{cases}$

2 よく出る　いろいろな連立方程式　次の連立方程式を解きなさい。

(1) $\begin{cases} 3x-y=2 \\ 4x-3(2x-y)=8 \end{cases}$

(2) $\begin{cases} 3x+5y=-11 \\ 2(x-5)=y \end{cases}$

(3) $\begin{cases} x-3(y-5)=0 \\ 7x=6y \end{cases}$

(4) $\begin{cases} \frac{3}{4}x-\frac{1}{2}y=2 \\ 2x+y=3 \end{cases}$

(5) $\begin{cases} x+2y=-4 \\ \frac{1}{2}x-\frac{2}{3}y=3 \end{cases}$

(6) $\begin{cases} 2x-y=15 \\ \frac{1}{2}x+\frac{1}{3}y=2 \end{cases}$

(7) $\begin{cases} 1.2x+0.5y=5 \\ 3x-2y=19 \end{cases}$

(8) $\begin{cases} 0.5x-1.4y=8 \\ -x+2y=-12 \end{cases}$

成績UPナビ

2 係数に分数をふくむときは，両辺に分母の公倍数をかけて，係数を整数にする。
係数に小数をふくむときは，両辺に，10，100，1000 などをかけて，係数を整数にする。

テストに出る！

予想問題 ②

2章［連立方程式］方程式を利用して問題を解決しよう

1節 連立方程式とその解き方

⏱20分　/8問中

1 いろいろな連立方程式　次の連立方程式を解きなさい。

(1) $\begin{cases} x-0.2y=2.6 \\ \dfrac{x-y}{10}=\dfrac{1}{2} \end{cases}$

(2) $\begin{cases} \dfrac{x}{2}-y=-4 \\ 0.6x+0.7y=-1 \end{cases}$

2 よく出る　$A=B=C$ の形をした連立方程式　次の連立方程式を解きなさい。

(1) $2x+3y=-x-3y=5$

(2) $x+y+6=4x+y=5x-y$

3 連立方程式の解　次の問に答えなさい。

(1) 連立方程式 $\begin{cases} ax-2y=4 \\ bx-ay=-7 \end{cases}$ の解が $x=2$，$y=3$ のとき，a，b の値を求めなさい。

(2) 連立方程式 $\begin{cases} ax-by=20 \\ bx-ay=22 \end{cases}$ の解が $x=2$，$y=-4$ のとき，a，b の値を求めなさい。

発展 **4** 文字が 3 つの連立方程式　次の連立方程式を解きなさい。

(1) $\begin{cases} x+y+z=8 \\ 3x+2y+z=14 \\ z=3x \end{cases}$

(2) $\begin{cases} x+2y-z=7 \\ 2x+y+z=-10 \\ x-3y-z=-8 \end{cases}$

成績UPナビ

3 x，y にそれぞれの値を代入して，a，b についての連立方程式を解く。

4 文字が 3 つの連立方程式は，1 つの文字を消去し，文字が 2 つの連立方程式をつくる。

2節 連立方程式の利用

テストに出る！ 教科書のココが要点

さらっとまとめ（赤シートを使って，□に入るものを考えよう。）

1 連立方程式の利用 教 p.51～p.53

・連立方程式を使って問題を解く手順

1. 何を［文字］で表すかを決める。
2. ［数量の間の関係］を見つけて，［方程式］をつくる。
3. つくった方程式を［解く］。
4. 方程式の解が問題に［適している］か確かめる。

スピード確認（□に入るものを答えよう。答えは，下にあります。）

1

□ 1個100円のりんごと1個60円のみかんを合わせて9個買ったところ，代金の合計は700円だった。

(1) りんごをx個，みかんをy個買ったとして，数量を表に整理すると次のようになる。

	りんご	みかん	合計
1個の値段(円)	100	60	
個数(個)	x	y	9
代金(円)	①	②	③

(2) (1)の表から，個数の関係についての方程式をつくると，

［④］＋［⑤］＝9

(3) (1)の表から，代金の関係についての方程式をつくると，

［①］＋［②］＝［③］

□ ノート3冊とボールペン2本の代金の合計は480円，ノート5冊とボールペン6本の代金の合計は1120円だった。ノート1冊の値段をx円，ボールペン1本の値段をy円とする。

(1) ［ノート1冊の値段］×3＋［ボールペン1本の値段］×2＝480

この関係から方程式をつくると，

［⑥］＋［⑦］＝480

(2) ［ノート1冊の値段］×5＋［ボールペン1本の値段］×6＝1120

この関係から方程式をつくると，

［⑧］＋［⑨］＝1120

①________
②________
③________
④________
⑤________
⑥________
⑦________
⑧________
⑨________

答 ①$100x$ ②$60y$ ③700 ④x ⑤y ⑥$3x$ ⑦$2y$ ⑧$5x$ ⑨$6y$

解答 p.5

基礎力UP テスト対策問題

1 代金の問題　**1 個 100 円のパンと 1 個 120 円のおにぎりを合わせて 10 個買い，1100 円はらいました。パンとおにぎりをそれぞれ何個買ったかを求めます。**

(1) 100 円のパンを x 個，120 円のおにぎりを y 個買ったとして，数量を表に整理しなさい。

	パン	おにぎり	合計
1 個の値段 (円)	100	120	
個数 (個)	x	y	10
代金 (円)	㋐	㋑	㋒

(2) (1)の表から，連立方程式をつくり，それぞれの個数を求めなさい。

2 速さの問題　**家から 1000 m はなれた駅に行くのに，はじめは分速 50 m で歩き，途中から分速 100 m で走ったところ，全体では 14 分かかりました。**

(1) 歩いた道のりを x m，走った道のりを y m として，数量を図と表に整理しなさい。

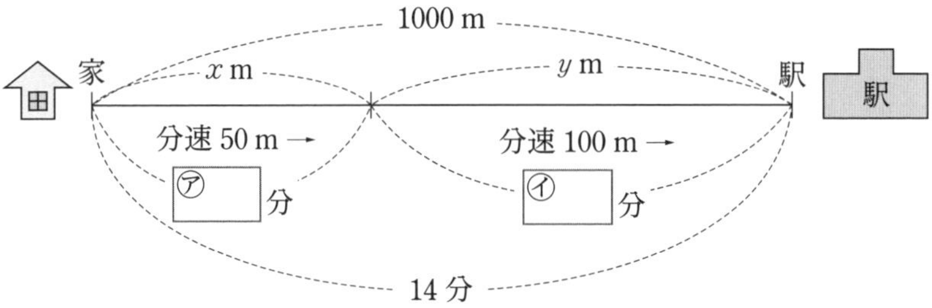

	歩いたとき	走ったとき	全体
道のり (m)	x	y	1000
速さ (m/min)	50	100	
時間 (分)	㋐	㋑	14

(2) (1)の表から，連立方程式をつくり，歩いた道のり，走った道のりを求めなさい。

テスト対策ナビ

ポイント

文章題では，数量の間の関係を，図や表に整理するとわかりやすい。

1 (2) 個数の関係，代金の関係から，2 つの方程式をつくる。

思い出そう！

時間，道のり，速さの問題は，次の関係を使って方程式をつくる。

$$(時間)=\frac{(道のり)}{(速さ)}$$

(道のり)
=(速さ)×(時間)

2 (2) 道のりの関係，時間の関係から，2 つの方程式をつくる。

テストに出る！

予想問題 ① 2章［連立方程式］方程式を利用して問題を解決しよう 2節 連立方程式の利用

20分　/5問中

1 硬貨の問題　500 円硬貨と 100 円硬貨を合計 22 枚集めたら，合計金額は 6200 円になりました。このとき 500 円硬貨と 100 円硬貨は，それぞれ何枚か求めなさい。

2 よく出る 代金の問題　鉛筆 3 本とノート 5 冊の代金の合計は 840 円，鉛筆 6 本とノート 7 冊の代金の合計は 1320 円でした。鉛筆 1 本とノート 1 冊の値段をそれぞれ求めなさい。

3 速さの問題　家から学校までの道のりは 1500 m です。はじめは分速 60 m で歩いていましたが，雨が降ってきたので，途中から分速 120 m で走ったら，学校に着くのに 20 分かかりました。

(1) 歩いた道のりを x m，走った道のりを y m として，数量を図と表に整理しなさい。

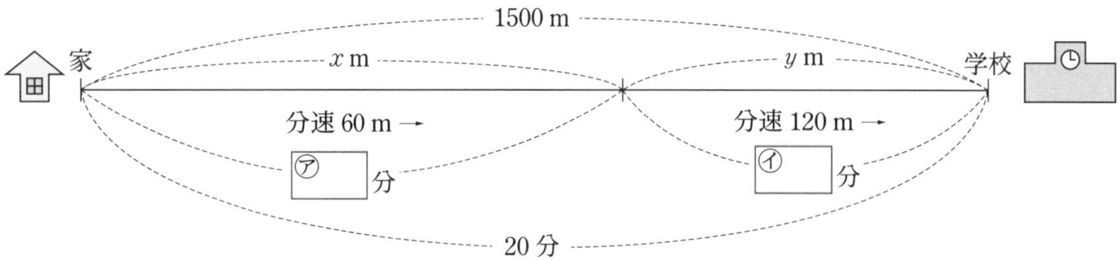

	歩いたとき	走ったとき	全体
道のり (m)	x	y	1500
速さ (m/min)	60	120	
時間 (分)	㋐	㋑	20

(2) (1)の表から，連立方程式をつくり，歩いた道のり，走った道のりを求めなさい。

(3) 歩いた時間と走った時間を文字を使って表して連立方程式をつくり，歩いた道のりと走った道のりがそれぞれ何 m か求めなさい。

成績UPナビ

3 (3) 歩いた時間を x 分，走った時間を y 分として，連立方程式をつくる。この連立方程式の解が，そのまま答えとならないことに注意。

テストに出る！

予想問題 ②

2章［連立方程式］方程式を利用して問題を解決しよう

2節 連立方程式の利用

🕓20分　/4問中

1 速さの問題　14 km はなれたところに行くのに，はじめは自転車に乗って時速 16 km で走り，途中から時速 4 km で歩いたら，全体では 2 時間かかりました。自転車に乗った道のりと歩いた道のりを求めなさい。

2 よく出る　割合の問題　ある中学校の昨年の生徒数は 425 人でした。今年の生徒数を調べたところ 23 人増えていることがわかりました。これを男女別で調べると，昨年より，男子は 7%，女子は 4%，それぞれ増えています。

(1)　昨年の男子の生徒数を x 人，昨年の女子の生徒数を y 人として，数量を表に整理しなさい。

	男子	女子	合計
昨年の生徒数（人）	x	y	425
増えた生徒数（人）	㋐	㋑	23

(2)　(1)の表から，連立方程式をつくり，昨年の男子と女子の生徒数をそれぞれ求めなさい。

3 割合の問題　ある店では，ケーキとドーナツを合わせて 150 個作りました。そのうち，ケーキは 6%，ドーナツは 10% 売れ残り，合わせて 13 個が売れ残りました。ケーキとドーナツをそれぞれ何個作ったか求めなさい。

成績UPナビ

1 道のりと時間の関係についての連立方程式をつくる。

3 作った個数の関係と，売れ残った個数の関係についての連立方程式をつくる。

テストに出る！

章末予想問題 2章 [連立方程式] 方程式を利用して問題を解決しよう

30分

/100点

1 次の x，y の値の組のなかで，連立方程式 $\begin{cases} 7x+3y=34 \\ 5x-6y=8 \end{cases}$ の解はどれですか。 〔8点〕

㋐ $x=4$，$y=2$　　㋑ $x=5$，$y=-\dfrac{1}{3}$　　㋒ $x=-2$，$y=-3$

2 次の連立方程式を解きなさい。 6点×6〔36点〕

(1) $\begin{cases} 4x-5y=6 \\ 3x-2y=1 \end{cases}$

(2) $\begin{cases} 5x-3y=11 \\ 3y=2x+1 \end{cases}$

(3) $\begin{cases} 3(x-2y)+5y=2 \\ 4x-3(2x-y)=8 \end{cases}$

(4) $\begin{cases} 3x+4y=1 \\ \dfrac{1}{3}x+\dfrac{2}{5}y=\dfrac{1}{3} \end{cases}$

(5) $\begin{cases} \dfrac{3}{4}x-\dfrac{2}{3}y=\dfrac{7}{6} \\ 1.3x+0.6y=-5 \end{cases}$

(6) $3x-y=2x+y=x-2y+5$

3 差がつく 連立方程式 $\begin{cases} 3x-4y=8 \\ ax+3y=17 \end{cases}$ の解の比が，$x:y=4:5$ であるとき，a の値を求めなさい。 〔8点〕

解答 p.6

満点ゲット作戦
加減法か代入法を使って１つの文字を消去し，もう１つの文字についての１次方程式にする。

ココが要点を再確認　もう一歩　合格
0　70　85　100点

4 ある遊園地のおとな１人の入園料は，中学生１人の入園料より 200 円高いそうです。この遊園地におとな２人と中学生５人で入ったら，入園料の合計は 7400 円でした。おとな１人と中学生１人の入園料をそれぞれ求めなさい。〔16 点〕

5 Ａ町からＢ町を通ってＣ町まで行く道のりは 23 km です。ある人がＡ町からＢ町までは時速 4 km，Ｂ町からＣ町までは時速 5 km で歩いて，全体で５時間かかりました。Ａ町からＢ町までの道のりとＢ町からＣ町までの道のりを求めなさい。〔16 点〕

6 差がつく　6％の食塩水と 12％の食塩水を混ぜて，10％の食塩水を 600 g 作ります。6％と 12％の食塩水をそれぞれ何 g 混ぜればよいですか。〔16 点〕

1			
2	(1)	(2)	(3)
	(4)	(5)	(6)
3			
4	おとな	，中学生	
5	Ａ町からＢ町	，Ｂ町からＣ町	
6	6％の食塩水	，12％の食塩水	

1 /8点	2 /36点	3 /8点	4 /16点	5 /16点	6 /16点

1節 1次関数　2節 1次関数の性質と調べ方

テストに出る！ 教科書のココが要点

さらっとまとめ (赤シートを使って，□に入るものを考えよう。)

1 1次関数 教 p.60～p.61

・y が x の関数で，y が x の1次式で表されるとき，y は x の [1次関数] であるといい，一般に [$y=ax+b$] と表される。

2 1次関数の値の変化 教 p.62～p.64

・1次関数 $y=ax+b$ では，変化の割合は [一定] で，[a] に等しい。

(変化の割合)$=\dfrac{([y]\text{の増加量})}{([x]\text{の増加量})}=[a]$

3 1次関数のグラフ 教 p.65～p.70

・1次関数 $y=ax+b$ のグラフは，[$y=ax$] のグラフを y 軸の正の方向に [b] だけ平行移動させた直線である。また，[傾き] が a，[切片] が b の直線である。

・$a>0$ のとき，x の値が増加すれば [y の値も増加] し，グラフは [右上がり] の直線になる。

・$a<0$ のとき，x の値が増加すれば [y の値は減少] し，グラフは [右下がり] の直線になる。

4 1次関数の式を求める方法 教 p.71～p.73

・1次関数の式を求めるためには，$y=ax+b$ の [a]，[b] の値を求めればよい。

例 グラフの傾きが4，切片が2の1次関数の式は，$y=$[$4x+2$]

スピード確認 (□に入るものを答えよう。答えは，下にあります。)

1

□ 次の㋐～㋓のうち，y が x の1次関数であるものは [①]。

㋐ $y=2x+1$　㋑ $y=-x$　㋒ $y=5x^2$　㋓ $y=\dfrac{2}{x}$

2

□ 1次関数 $y=5x+2$ の変化の割合は [②] である。

□ 1次関数 $y=3x+4$ で，x の値が1増加したときの y の増加量は [③] である。

3

□ 1次関数 $y=2x+4$ のグラフは，$y=2x$ のグラフを y 軸の正の方向に [④] だけ平行移動させた直線である。

□ 1次関数 $y=3x-5$ のグラフは，傾き [⑤]，切片 [⑥]，右 [⑦] の直線である。

4

□ 変化の割合が2，$x=2$ のとき $y=3$ の1次関数は，$y=2x+b$ に $x=2$，$y=3$ を代入して $b=$[⑧]，したがって $y=$[⑨]

①＿＿＿＿
②＿＿＿＿
③＿＿＿＿
④＿＿＿＿
⑤＿＿＿＿
⑥＿＿＿＿
⑦＿＿＿＿
⑧＿＿＿＿
⑨＿＿＿＿

答 ①㋐，㋑　②5　③3　④4　⑤3　⑥-5　⑦上がり　⑧-1　⑨$2x-1$

解答 p.7

基礎力UP テスト対策問題

1 1次関数の値の変化　次の1次関数の変化の割合をいいなさい。
また，x の増加量が3のときの y の増加量を求めなさい。

(1)　$y=3x-7$　　(2)　$y=-x+4$

(3)　$y=\dfrac{1}{2}x+4$　　(4)　$y=-\dfrac{1}{3}x-1$

2 1次関数のグラフ　次の㋐～㋓の1次関数があります。

㋐　$y=4x-2$　　㋑　$y=-3x+1$

㋒　$y=-\dfrac{2}{3}x-2$　　㋓　$y=4x+3$

(1)　それぞれのグラフの傾きと切片をいいなさい。

(2)　グラフが右下がりの直線になるのはどれですか。

(3)　グラフが平行になるのはどれとどれですか。

3 1次関数の式を求める方法　次の条件をみたす1次関数の式を求めなさい。

(1)　変化の割合が -2 で，$x=-1$ のとき $y=4$

(2)　グラフの切片が4で，点 $(3,\ 1)$ を通る。

(3)　グラフが2点 $(1,\ 5)$，$(3,\ 9)$ を通る。

テスト対策ナビ

絶対に覚える！

■ $y=ax+b$
（a ↑ 変化の割合）

■ a は，x の値が1だけ増加したときの，y の増加量を表す。

ポイント

■ $y=ax+b$ で，
$a>0$ ➡ 右上がり
$a<0$ ➡ 右下がり

グラフが平行ということは，傾きが等しいよ。

ポイント

求める1次関数を $y=ax+b$ とおき，a，b の値を求める。

3 (3)　傾きは，
$\dfrac{9-5}{3-1}$

テストに出る！
予想問題 ❶

3章［1次関数］関数を利用して問題を解決しよう
1節 1次関数　2節 1次関数の性質と調べ方

🕒20分　/8問中

1 1次関数　水が 2 L 入っている水そうに，一定の割合で水を入れます。水を入れ始めてから 5 分後には，水そうの中の水の量は 22 L になりました。

(1)　1分間に，水の量は何Lずつ増えましたか。

(2)　水を入れ始めてから x 分後の水そうの中の水の量を y L として，y を x の式で表しなさい。

2 変化の割合　次の1次関数について，変化の割合をいいなさい。また，x の値が 2 から 6 まで増加したときの y の増加量を求めなさい。

(1)　$y=6x+5$　　(2)　$y=\frac{1}{4}x+3$

3 1次関数のグラフ　次の1次関数について，グラフの傾きと切片をいいなさい。

(1)　$y=5x-4$　　(2)　$y=-2x$

4 よく出る　1次関数のグラフ　次の1次関数について，下の問に答えなさい。

㋐　$y=3x-1$　　㋑　$y=-2x+5$　　㋒　$y=\frac{2}{3}x+1$

(1)　㋐〜㋒のグラフをかきなさい。

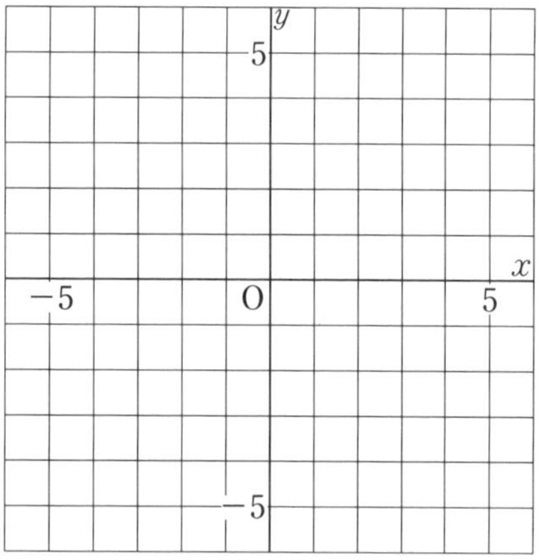

(2)　x の変域を $-2<x\leqq 3$ としたとき，y の変域をそれぞれ求めなさい。

成績UPナビ

2 x の増加量は，$6-2=4$ である。y の増加量は，$a\times$(x の増加量) の式で求める。

4 (2)　x の変域 $-2<x\leqq 3$ の両端の値に対応する y の値を求める。

郵便はがき

おそれいりますが，切手をおはりください。

162-0814

東京都新宿区新小川町４－１
（株）文理

「中間・期末の攻略本」
アンケート係

ご住所	〒 都道府県 市区郡 電話 － －		
お名前	フリガナ	男・女	学年 年
お買上げ日	年 月	学習塾に	□通っている □通っていない

＊ご住所は町名・番地までお書きください。

✂はがきで送られる方はここを切り取ってください。

「中間・期末の攻略本」をお買い上げいただき，ありがとうございました。今後のよりよい本づくりのため，裏にありますアンケートにお答えください。

アンケートにご協力くださった方の中から，抽選で（年２回），**図書カード1000円分**をさしあげます。（当選者は，ご住所の都道府県名とお名前を文理ホームページ上で発表させていただきます。）なお，このアンケートで得た情報は，ほかのことには使用いたしません。

《はがきで送られる方》

① 左のはがきの下のらんに，お名前など必要事項をお書きください。
② 裏にあるアンケートの回答を，右にある回答記入らんにお書きください。
③ 点線にそってはがきを切り離し，お手数ですが，左上に切手をはって，ポストに投函してください。

《インターネットで送られる方》

① 文理のホームページにアクセスしてください。アドレスは，

https://portal.bunri.jp

② 右上のメニューから「おすすめCONTENTS」の「中間・期末の攻略本」を選び，クリックすると読者アンケートのページが表示されます。回答を記入して送信してください。上のQRコードからもアクセスできます。

アンケート

●次のアンケートにお答えください。回答は右のらんのあてはまる□をぬってください。

[1] 今回お買い上げになった教科は何ですか。
① 国語　② 社会　③ 数学　④ 理科　⑤ 英語
⑥ 音楽　⑦ 美術　⑧ 保健体育　⑨ 技術・家庭

[2] この本をお選びになったのはどなたですか。
① 自分(中学生)　② ご両親　③ その他

[3] この本を選ばれた決め手は何ですか。(複数可)
① 教科書に合っているので。
② 内容・レベルがちょうどよいので。
③ 説明がくわしいので。
④ テスト対策に役立つので。
⑤ 以前に使用してよかったので。
⑥ 5分間攻略ブックと赤シートがついているので。
⑦ 英語リスニング問題がついているので。
⑧ 高校受験に備えて。　⑨ その他

[4] どのような使い方をされていますか。(複数可)
① おもに授業の予習・復習に使用。
② おもに定期テスト前に使用。
③ おもに高校受験対策に使用。　④ その他

[5] 内容はいかがでしたか。
① わかりやすい。　② ややわかりにくい。
③ わかりにくい。　④ その他

[6] 問題の量はいかがでしたか。
① ちょうどよい。　② 多い。　③ 少ない。

[7] 問題のレベルはいかがでしたか。
① ちょうどよい。　② 難しい。　③ やさしい。

[8] ページ数はいかがでしたか。
① ちょうどよい。　② 多い。　③ 少ない。

[9]「解答と解説」の「解説」はいかがでしたか。
① わかりやすい。　② ふつう。
③ もっとくわしく。

[10] 付録の「5分間攻略ブック」はいかがでしたか。
① 役に立つ。　② あまり役に立たない。
③ まだ使用していない。

[11] 付録の赤シートを本文の「ココが要点」でも使っていますか。
① 使っている。　② 使っていない。
③ 使い方がわからない。

[12] 表紙デザインはいかがでしたか。
① よい。　② ふつう。　③ あまりよくない。

[13]「中間・期末の攻略本」に増やしてほしいものは何ですか。(複数可)
① 教科書の説明やまとめ
② 練習問題
③ 予想問題
④ その他

[14] 文理の問題集で，使用したことがあるものがあれば教えてください。
① 小学教科書ワーク　② 中学教科書ワーク
③ 中間・期末の攻略本　④ その他

[15]「中間・期末の攻略本」について，ご感想やご意見・ご要望等がございましたら教えてください。

[16] この本のほかに，お使いになっている参考書や問題集がございましたら，教えてください。また，どんな点がよかったかも教えてください。

ご住所	〒　都道府県　市区郡　電話　—　—		
お名前	フリガナ	男・女	**学年**　年
お買上げ日　年　月	**学習塾に**　□通っている　□通っていない		

＊ご住所は，町名，番地までお書きください。

アンケートの回答：記入らん

[1] □①　□②　□③　□④　□⑤
□⑥　□⑦　□⑧　□⑨
[2] □①　□②　□③(　　)
[3] □①　□②　□③　□④　□⑤　□⑥
□⑦　□⑧　□⑨(　　)
[4] □①　□②　□③　□④(　　)
[5] □①　□②　□③　□④(　　)
[6] □①　□②　□③
[7] □①　□②　□③
[8] □①　□②　□③
[9] □①　□②　□③
[10] □①　□②　□③
[11] □①　□②　□③
[12] □①　□②　□③
[13] □①　□②　□③
□④(　　)
[14] □①　□②　□③
□④(　　)
[15]

[16]

ご協力ありがとうございました。中間・期末の攻略本＊

テストに出る！
予想問題 ②
3章 [1次関数] 関数を利用して問題を解決しよう
1節 1次関数　2節 1次関数の性質と調べ方

20分　/10問中

1 1次関数のグラフ　次の㋐～㋕の1次関数のなかから，下の(1)～(4)にあてはまるものをすべて選び，その記号で答えなさい。

㋐ $y=3x-5$　　㋑ $y=-2x-4$　　㋒ $y=3x+8$

㋓ $y=\frac{2}{7}x+12$　　㋔ $y=-\frac{2}{7}x+2$　　㋕ $y=\frac{3}{4}x-5$

(1) グラフが右上がりの直線になるもの　　(2) グラフが点 $(-3,\ 2)$ を通るもの

(3) グラフが平行になるものの組　　(4) グラフが y 軸上で交わるものの組

2 直線の式　右の図の直線(1)～(3)の式を求めなさい。

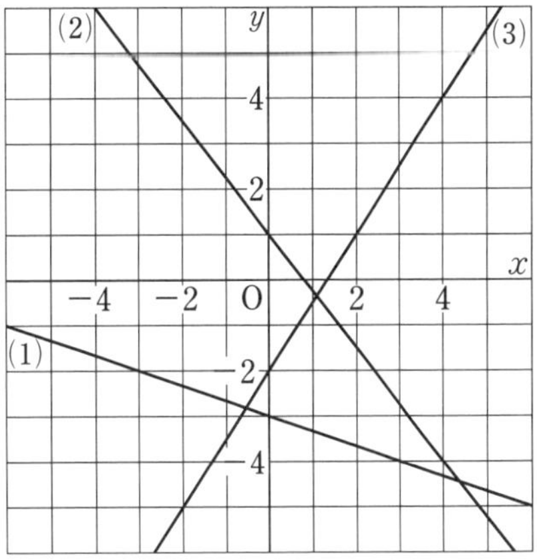

3 よく出る　直線の式　次の条件をみたす1次関数の式を求めなさい。

(1) 変化の割合が2で，$x=1$ のとき $y=3$

(2) グラフの切片が -1 で，点 $(1,\ 2)$ を通る。

(3) グラフが2点 $(-3,\ -1)$，$(6,\ 5)$ を通る。

成績UPナビ
2 y 軸との交点は，切片を表す。ます目の交点にある点をもう1つ見つけ，傾きを求める。
3 (3)　2点の座標から傾きを求める。または，連立方程式をつくって求める。

3 節 2 元 1 次方程式と 1 次関数　4 節 1 次関数の利用

テストに出る！ 教科書のココが要点

さらっとまとめ (赤シートを使って，□に入るものを考えよう。)

1 2 元 1 次方程式のグラフ 教 p.75〜p.79

・a，b，c を定数とするとき，2 元 1 次方程式 $ax+by=c$ のグラフは，[直線] である。
とくに，

$a=0$ の場合 ➡ [x 軸に平行] な直線である。

$b=0$ の場合 ➡ [y 軸に平行] な直線である。

2 連立方程式とグラフ 教 p.80〜p.82

・x，y についての連立方程式の解は，それぞれの方程式のグラフの [交点] の [x 座標]，[y 座標] の組である。

・2 直線の交点の座標を求めるには，2 つの直線の式を組にした [連立方程式] を解いて求めればよい。

スピード確認 (□に入るものを答えよう。答えは，下にあります。)

1

□ 方程式 $3x-y=3$ のグラフは，この式を y について解くと，
$y=$ [①]
よって，傾きが [②]，切片が [③] の直線になる。

□ 方程式 $2y-6=0$ のグラフは，この式を y について解くと，
$y=$ [④]
よって，点 (0, [⑤]) を通り，[⑥] 軸に平行な直線になる。

□ 方程式 $3x-12=0$ のグラフは，この式を x について解くと，
$x=$ [⑦]
よって，点 ([⑧], 0) を通り，[⑨] 軸に平行な直線になる。

2

□ 連立方程式 $\begin{cases} 2x-y=3 & \cdots\cdots ① \\ x+2y=4 & \cdots\cdots ② \end{cases}$ で，
①，②のグラフは，右の図のようになるから，その交点の座標をグラフから読みとると，([⑩]，[⑪])。
したがって，上の連立方程式の解は，
$x=$ [⑩]，$y=$ [⑪] となる。

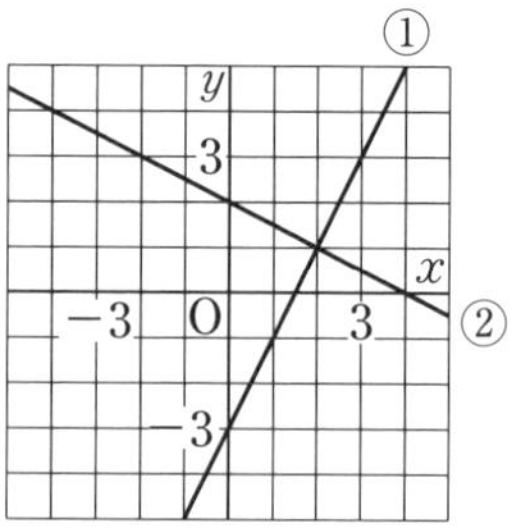

①＿＿＿＿
②＿＿＿＿
③＿＿＿＿
④＿＿＿＿
⑤＿＿＿＿
⑥＿＿＿＿
⑦＿＿＿＿
⑧＿＿＿＿
⑨＿＿＿＿
⑩＿＿＿＿
⑪＿＿＿＿

答 ① $3x-3$　② 3　③ −3　④ 3　⑤ 3　⑥ x　⑦ 4　⑧ 4　⑨ y　⑩ 2　⑪ 1

基礎力UP テスト対策問題

1 2元1次方程式のグラフ　次の方程式のグラフをかきなさい。

(1)　$x-y=-3$

(2)　$2x+y-1=0$

(3)　$y-4=0$

(4)　$5x-10=0$

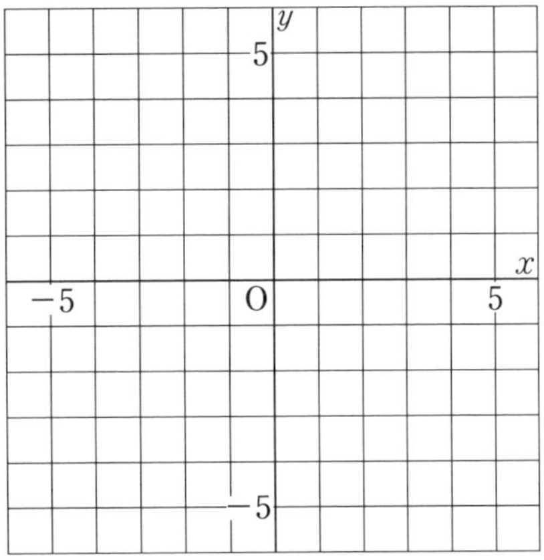

2 連立方程式とグラフ　次の連立方程式の解を，グラフをかいて求めなさい。

$$\begin{cases} x-2y=-6 & \cdots\cdots① \\ 3x-y=2 & \cdots\cdots② \end{cases}$$

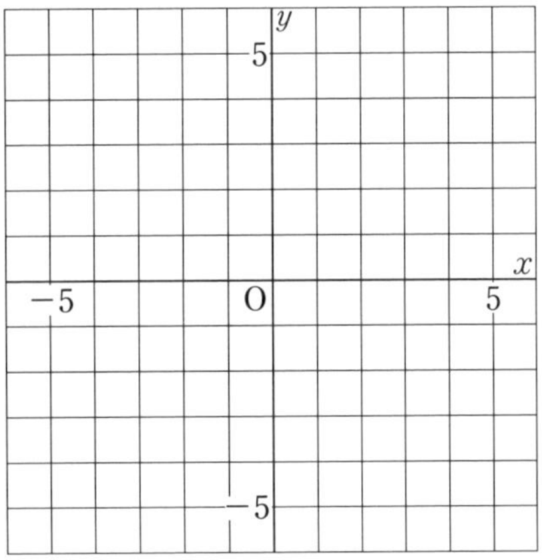

3 連立方程式とグラフ　下の図について，次の問に答えなさい。

(1)　①，②の直線の式を求めなさい。

(2)　2直線の交点の座標を求めなさい。

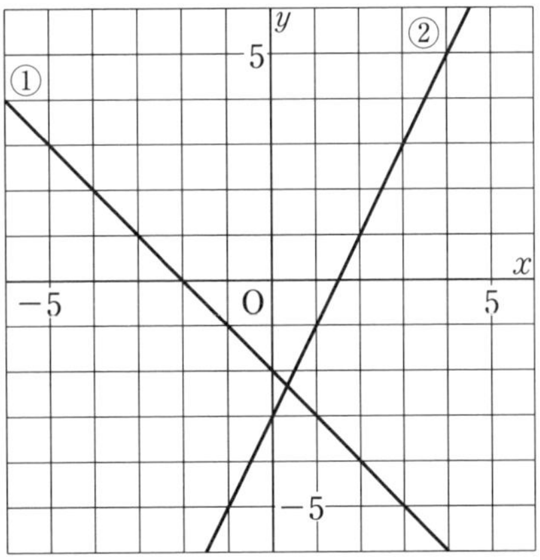

テスト対策ナビ

絶対に覚える!

$ax+by=c$ のグラフをかくには，

$y=○x+□$（○：傾き，□：切片）

の形に変形するか，2点の座標を求めてかく。

絶対に覚える!

連立方程式の解とグラフの関係を理解しておこう。

連立方程式の解 $x=○$，$y=△$
⇕
グラフの交点の座標 （○，△）

3 (2)　交点の座標は，グラフからは読みとれないので，①，②の式を連立方程式として解いて求める。

テストに出る！

予想問題 ①

3章［1次関数］関数を利用して問題を解決しよう

3節 2元1次方程式と1次関数

20分　/8問中

1 よく出る　2元1次方程式のグラフ　次の方程式のグラフをかきなさい。

(1) $2x+3y=6$

(2) $x-4y-4=0$

(3) $-3x-1=8$

(4) $2y+3=-5$

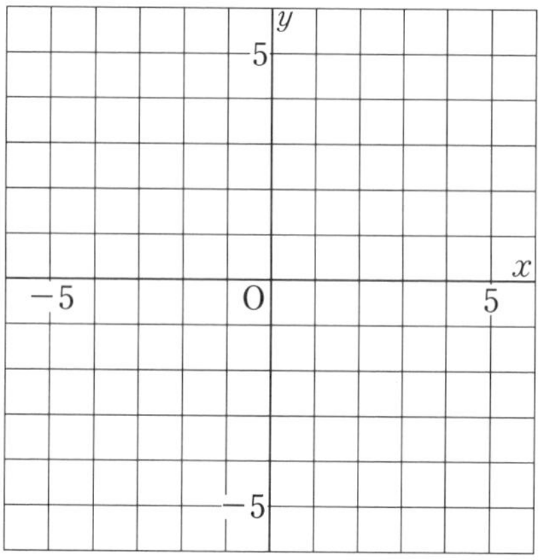

2 連立方程式とグラフ　次の(1)〜(3)の連立方程式の解について，㋐〜㋒のなかからあてはまるものを選び，記号で答えなさい。

(1) $\begin{cases} 3x+y=7 \\ 6x+2y=-2 \end{cases}$　　(2) $\begin{cases} 4x-3y=9 \\ 5x+y=16 \end{cases}$　　(3) $\begin{cases} 6x-3y=3 \\ 12x-6y=6 \end{cases}$

㋐　2つのグラフは平行で交点がないので，解はない。
㋑　2つのグラフは一致するので，解は無数にある。
㋒　2つのグラフは1点で交わり，解は1組だけある。

3 連立方程式とグラフ　次の連立方程式の解を，グラフをかいて求めなさい。

$\begin{cases} 2x-3y=6 & \cdots\cdots① \\ y=-4 & \cdots\cdots② \end{cases}$

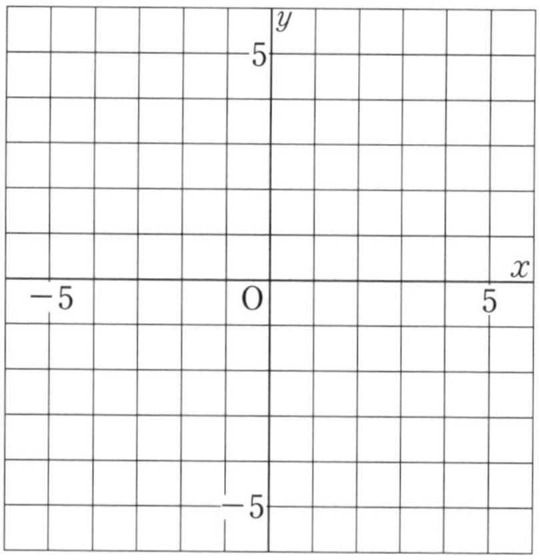

成績UPナビ　**2** それぞれの方程式を，$y=ax+b$ の形に変形してから調べる。(1)は傾きが等しい直線，(3)は傾きも切片も等しい直線になることがわかる。

テストに出る！

予想問題 ②

3章［1次関数］関数を利用して問題を解決しよう

4節 1次関数の利用

🕓20分　/7問中

1 1次関数のグラフの利用　兄は午前9時に家を出発し，東町までは自転車で行き，東町から西町までは歩きました。右のグラフは，兄が家を出発してからの時間と道のりの関係を表したものです。

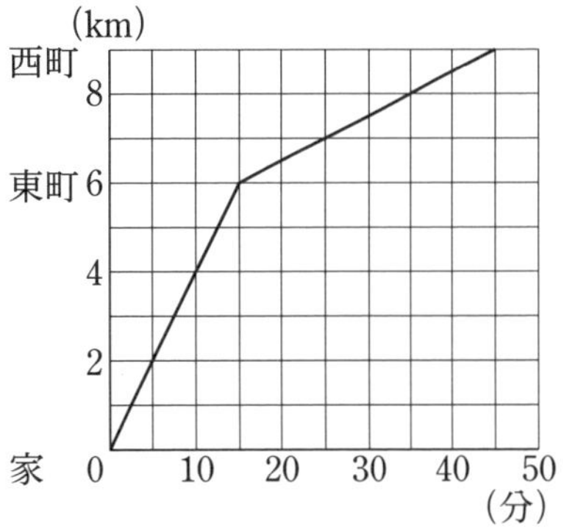

(1) 兄が東町まで自転車で行ったとき，分速何mで進みましたか。

(2) 兄が東町から西町まで歩いたとき，分速何mで進みましたか。

(3) 弟は午前9時15分に自転車で家を出発し，分速400 mで兄を追いかけました。弟が兄に追いつく時刻を，グラフをかいて求めなさい。

2 よく出る　1次関数と図形　右の図の長方形ABCDで，点PはBを出発して，辺上をC，Dを通ってAまで動きます。点PがBからx cm動いたときの△ABPの面積をy cm²とします。

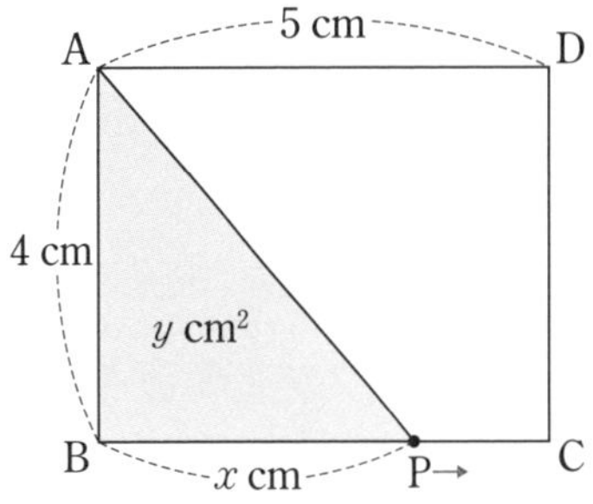

(1) 点Pが辺BC上にあるとき，yをxの式で表しなさい。

(2) 点Pが辺CD上にあるとき，yの値を求めなさい。

(3) 点Pが辺AD上にあるとき，yをxの式で表しなさい。

(4) △ABPの面積の変化のようすを表すグラフをかきなさい。

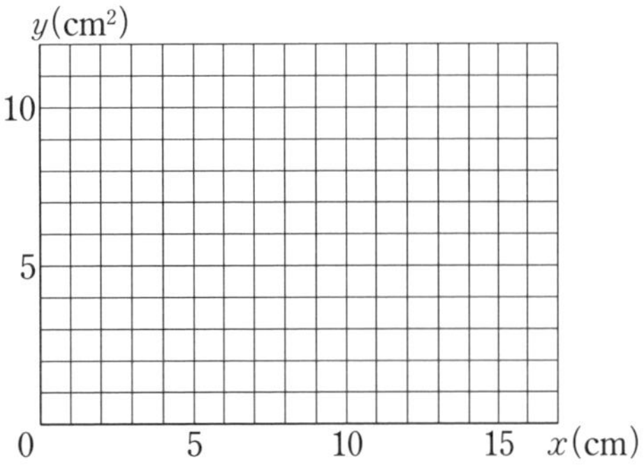

成績UPナビ　**2** (1) $y=\frac{1}{2}\times AB\times BP$　(2) $y=\frac{1}{2}\times AB\times AD$　(3) $y=\frac{1}{2}\times AB\times AP$

テストに出る！

章末予想問題　3章 [1次関数] 関数を利用して問題を解決しよう

30分　/100点

1 次の㋐～㋓のうち，y が x の1次関数であるものをすべて選び，記号で答えなさい。〔6点〕

㋐ $y=\dfrac{2}{x}$　㋑ $y=-3x+2$　㋒ $y=x$　㋓ $y=5x^2$

2 1次関数 $y=-2x+2$ について，次の問に答えなさい。　7点×2〔14点〕

(1) この関数のグラフの傾きと切片をいいなさい。

(2) $-5\leqq y\leqq 5$ となるのは，x がどんな範囲にあるときですか。

3 次の条件をみたす1次関数の式を求めなさい。　8点×3〔24点〕

(1) $x=4$ のとき $y=-3$ で，x の値が2だけ増加すると，y の値は1だけ減少する。

(2) グラフが2点 $(-1,\ 7)$，$(3,\ -5)$ を通る。

(3) グラフと x 軸との交点が $(3,\ 0)$，y 軸との交点が $(0,\ -4)$ である。

4 右の図について，次の問に答えなさい。　8点×2〔16点〕

(1) 2直線 ℓ，m の交点Aの座標を求めなさい。

(2) 2直線 m，n の交点Bの座標を求めなさい。

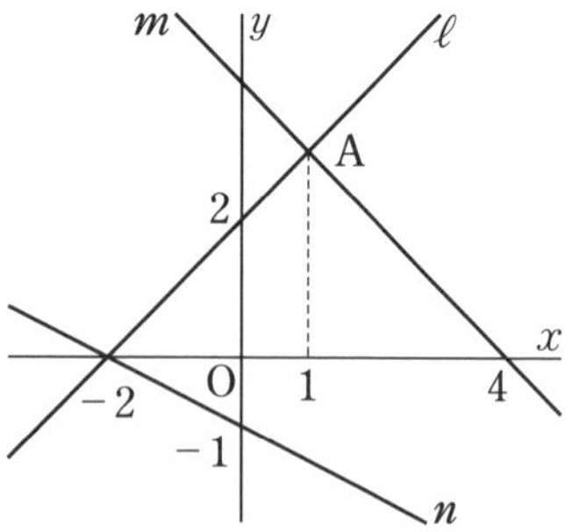

解答 p.9

満点ゲット作戦
$y=ax+b$ のグラフは，直線 $y=ax$ に平行で，点 $(0,\ b)$ を通る直線である。グラフ：$a>0$ → 右上がり，$a<0$ → 右下がり

ココが要点を再確認　もう一歩　合格
0　70　85　100点

5 水を熱し始めてからの時間と水温の関係は右の表のようになりました。熱し始めてから x 分後の水温を y℃として，x と y の関係をグラフに表すと，ほぼ $(0,\ 22)$，$(4,\ 46)$ を通る直線上に並ぶことから，y は x の1次関数であるとみなすことができます。

時間（分）	0	1	2	3	4
水温（℃）	22	28	34	39	46

10点×2〔20点〕

(1) y を x の式で表しなさい。

(2) 水温が 94℃ になるのは，水を熱し始めてから何分後だと予想できますか。

6 差がつく 姉は，家から 12 km はなれた東町まで行き，しばらくしてから帰ってきました。右のグラフは，家を出発してから x 時間後の家からの道のりを y km として，x と y の関係を表したものです。　10点×2〔20点〕

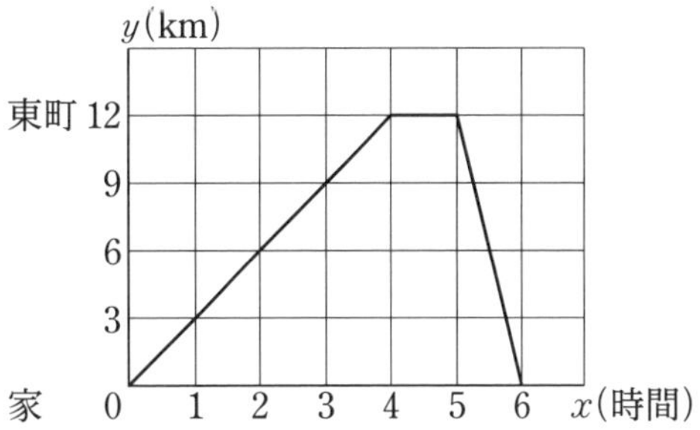

(1) x の変域が $5 \leqq x \leqq 6$ のとき，y を x の式で表しなさい。

(2) 姉が東町に着くと同時に，妹は家から時速 4 km で歩いて東町に向かいました。2人は家から何 km はなれた地点で出会いますか。

1			
2	(1) 傾き　　，切片		(2)
3	(1)	(2)	(3)
4	(1)	(2)	
5	(1)	(2)	
6	(1)	(2)	

1	2	3	4	5	6
/6点	/14点	/24点	/16点	/20点	/20点

1節 説明のしくみ　2節 平行線と角

テストに出る！ 教科書のココが要点

さらっとまとめ（赤シートを使って，□に入るものを考えよう。）

1 多角形の角の和の説明 教 p.98〜p.100，p.105〜p.109

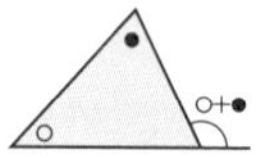

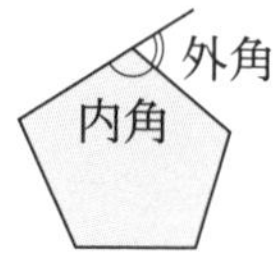

・三角形の［内角］の和は 180° である。
・三角形の［外角］は，それととなり合わない 2 つの内角の和に等しい。
・n 角形の内角の和は，［180°×(n−2)］である。
・多角形の外角の和は［360°］である。

2 平行線と角 教 p.101〜p.104

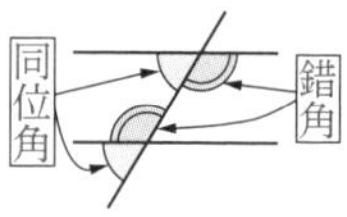

・2 つの直線が交わるとき，向かい合っている角を［対頂角］という。
・［対頂角］は等しい。
・2 直線に 1 つの直線が交わるとき，次の①，②がいえる。
　① 2 直線が［平行］ならば，［同位角］，［錯角］は等しい。
　② ［同位角］または［錯角］が等しければ，その 2 直線は［平行］である。

スピード確認（□に入るものを答えよう。答えは，下にあります。）

1

□ 三角形の内角の和は，［①］° である。

□ 右の図で，∠x の大きさは，［②］° である。
★115°＝∠x＋80° の関係より求める。

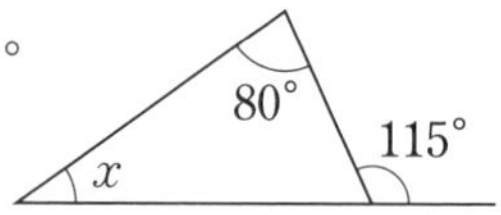

□ 十一角形の内角の和は，［③］° である。
★180°×(11−2) より求める。

□ 九角形の外角の和は，［④］° である。
★多角形の外角の和は，いつでも 360° である。

2

□ 右の図で，対頂角は等しいので，
∠a＝∠［⑤］　∠b＝∠［⑥］
★向かい合っている角が対頂角である。

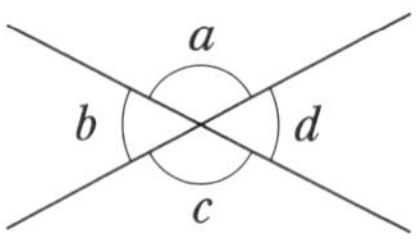

□ 右の図で，$\ell /\!/ m$ のとき，
∠x の同位角は ∠［⑦］
∠x の錯角は ∠［⑧］
∠x＝70° ならば，
∠a＝∠c＝［⑨］°，∠b＝∠d＝［⑩］°

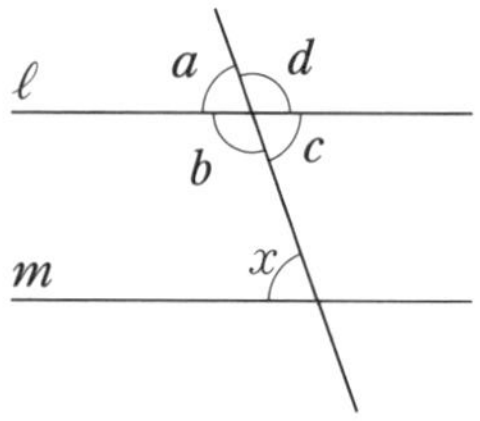

①＿＿＿＿
②＿＿＿＿
③＿＿＿＿
④＿＿＿＿
⑤＿＿＿＿
⑥＿＿＿＿
⑦＿＿＿＿
⑧＿＿＿＿
⑨＿＿＿＿
⑩＿＿＿＿

答 ①180　②35　③1620　④360　⑤c　⑥d　⑦a　⑧c　⑨70　⑩110

解答 p.10

基礎力UP テスト対策問題

1 多角形の内角の和の説明　右の五角形について，次の問に答えなさい。

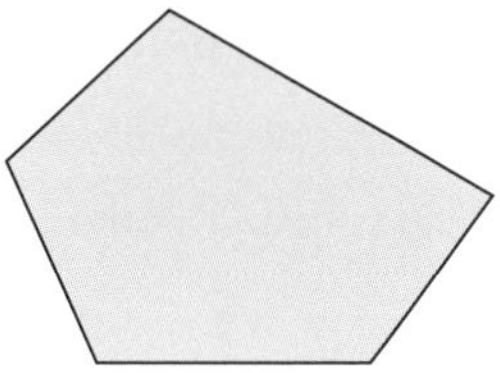

(1)　1つの頂点から，何本の対角線がひけますか。

(2)　(1)の対角線によって，何個の三角形に分けられますか。

(3)　五角形の内角の和を求めなさい。

2 多角形の内角と外角　次の問に答えなさい。

(1)　七角形の内角の和を求めなさい。

(2)　正八角形の1つの内角の大きさを求めなさい。

(3)　十角形の外角の和を求めなさい。

(4)　正十二角形の1つの外角の大きさを求めなさい。

3 平行線と角　下の図で，$\ell /\!/ m$ のとき，次の問に答えなさい。

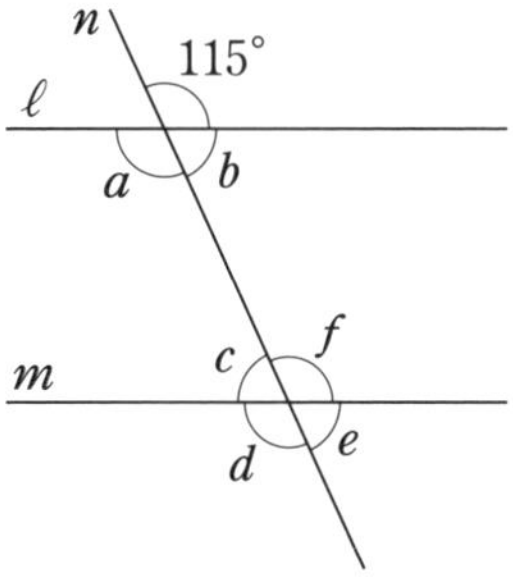

(1)　$\angle a$ の同位角をいいなさい。

(2)　$\angle b$ の錯角をいいなさい。

(3)　$\angle c$ の対頂角をいいなさい。

(4)　$\angle a$～$\angle f$ の大きさを求めなさい。

テスト対策ナビ

1 (3)　三角形の内角の和が180°であることをもとにして，五角形の内角の和を導く。

絶対に覚える!

- n 角形の内角の和
  ➡$180^\circ \times (n-2)$
- 多角形の外角の和
  ➡360°

正多角形の内角や外角の大きさは，すべて等しくなるね。

ポイント

平行線の性質
1 同位角は等しい。
2 錯角は等しい。

テストに出る！

予想問題 ①

4章［平行と合同］図形の性質の調べ方を考えよう

1節 説明のしくみ　2節 平行線と角

20分　/9問中

1 多角形の外角の和の説明　右の六角形について，次の問に答えなさい。

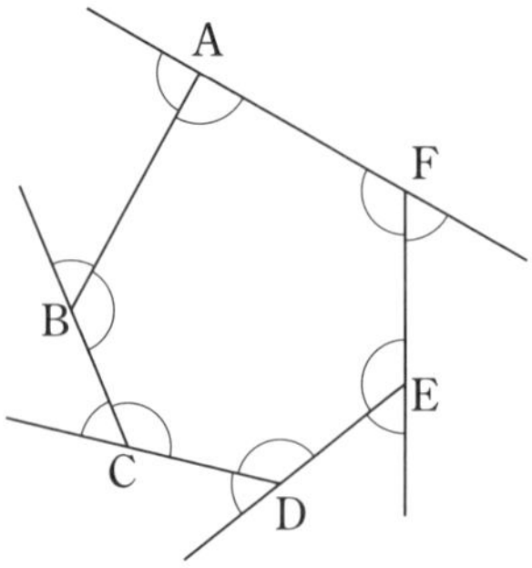

(1) 頂点Aの内角と外角の和は何度ですか。

(2) 6つの頂点の内角と外角の和をすべて加えると何度ですか。

(3) (2)から六角形の内角の和をひいて，六角形の外角の和を求めなさい。ただし，n 角形の内角の和が，$180^\circ\times(n-2)$ であることを使ってもよいです。

2 多角形の内角と外角　次の問に答えなさい。

(1) 右の図のように，A，B，C，D，E，F，G，H を頂点とする多角形があります。この多角形の内角の和を求めなさい。

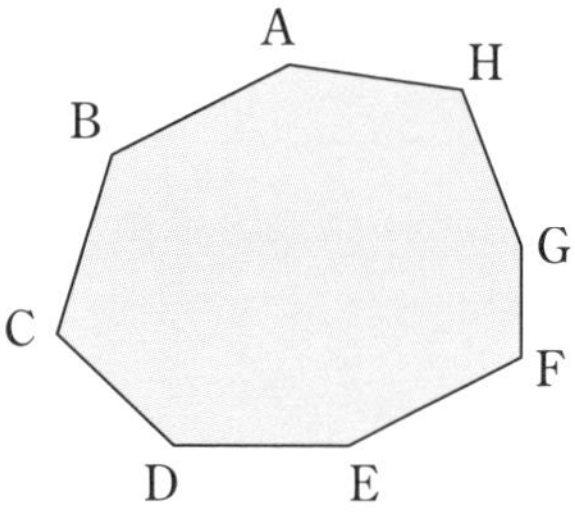

(2) 内角の和が 1440° である多角形は何角形か求めなさい。

(3) 1つの外角が 45° である正多角形は正何角形か求めなさい。

3 よく出る　多角形の内角と外角　次の図で，$\angle x$ の大きさを求めなさい。

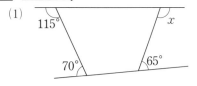

(1)

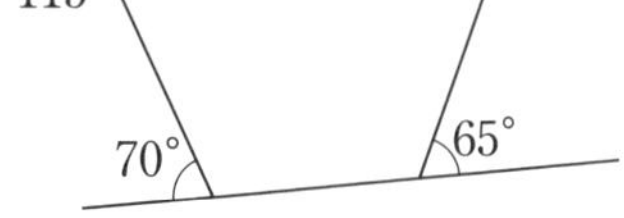

(2)

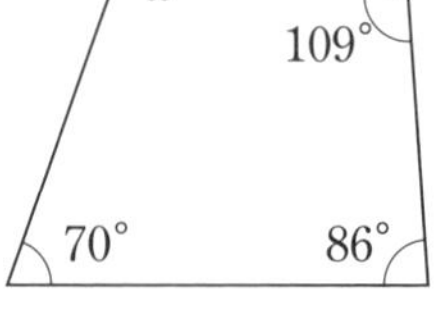

(3)

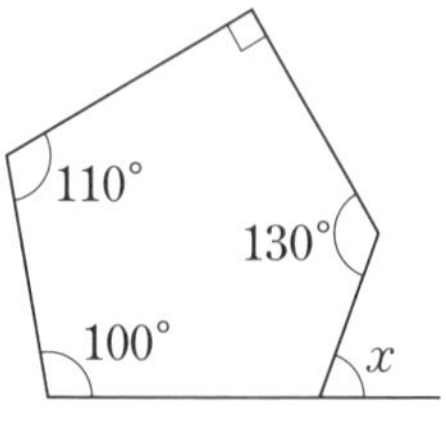

成績UPナビ

1 (3) 六角形の内角の和が，$180^\circ\times(6-2)$ であることをもとにして，六角形の外角の和を導く。

2 (2) $180^\circ\times(n-2)=1440^\circ$ として，n についての方程式を解く。

テストに出る！
予想問題 ❷
4章［平行と合同］図形の性質の調べ方を考えよう
1節 説明のしくみ　2節 平行線と角

🕒20分　／9問中

1 対頂角　右の図について，次の問に答えなさい。

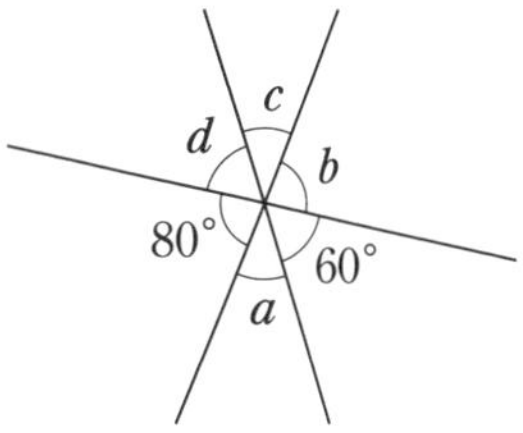

(1)　∠a の対頂角はどれですか。

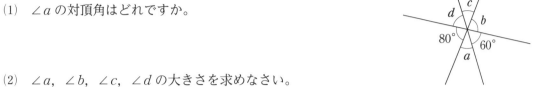

(2)　∠a，∠b，∠c，∠d の大きさを求めなさい。

2 同位角・錯角　右の図について，$\ell /\!/ m$ のとき，次の問に答えなさい。

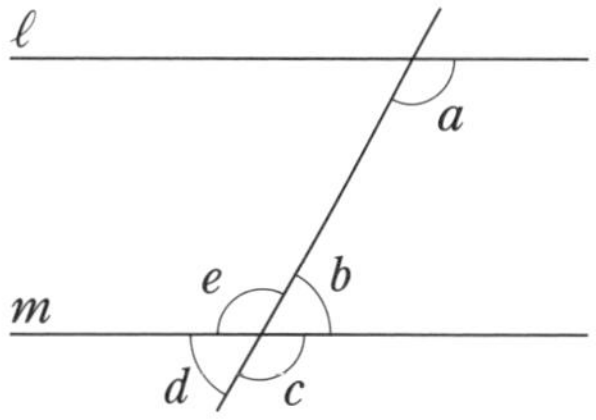

(1)　∠a の同位角，錯角はどれですか。

(2)　∠a＝120° のとき，∠b，∠c，∠d，∠e の大きさを求めなさい。

3 平行線と角　右の図について，次の問に答えなさい。

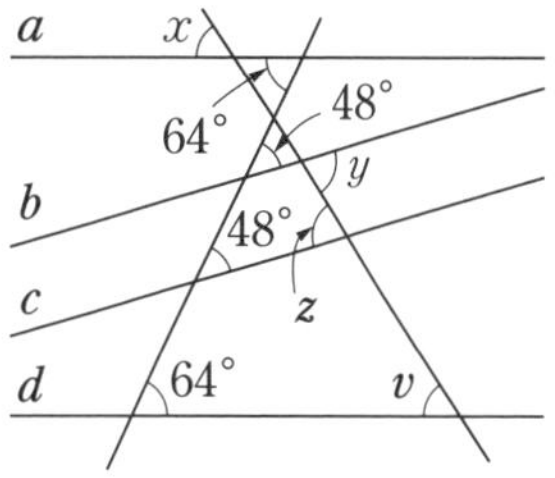

(1)　右の図の直線のうち，平行であるものを記号 // を使って示しなさい。

(2)　∠x，∠y，∠z，∠v のうち，等しい角の組をいいなさい。

4 よく出る　平行線と角　次の図で，$\ell /\!/ m$ のとき，∠x の大きさを求めなさい。

(1)
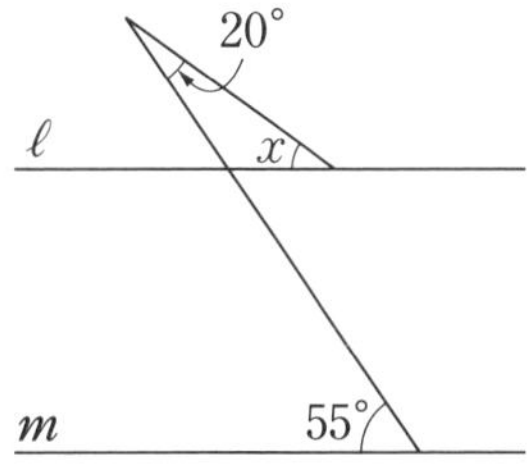

(2)
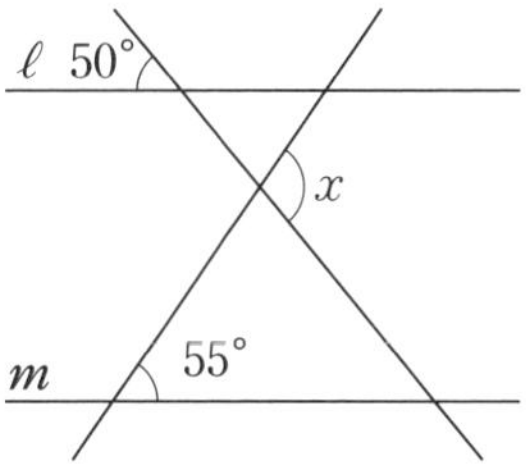

(3)
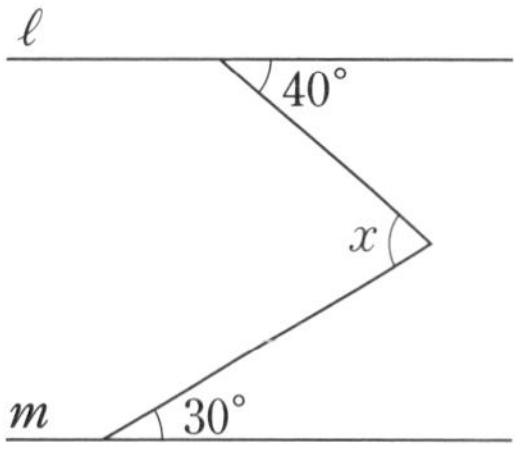

成績UPナビ
2 (2)　$\ell /\!/ m$ より，同位角は等しいから，∠a＝∠c となる。
3 (1)　同位角か錯角が等しければ，2直線は平行となる。

3節 合同な図形

テストに出る！ 教科書のココが要点

さらっとまとめ（赤シートを使って，□に入るものを考えよう。）

1 合同な図形の性質と表し方 教 p.111～p.112

・△ABC と △A′B′C′ が合同であるとき，△ABC [≡] △A′B′C′ と表す。

・合同な図形では，対応する [線分] や [角] は等しい。

三角形の合同条件は，正しく覚えよう。

2 三角形の合同条件 教 p.113～p.115

1 [3組の辺] がそれぞれ等しい。

2 [2組の辺とその間の角] がそれぞれ等しい。

3 [1組の辺とその両端の角] がそれぞれ等しい。

3 証明のすすめ方 教 p.116～p.121

・「○○○ ならば □□□」という形で述べられている文では，○○○の部分を [仮定]，□□□の部分を [結論] という。

スピード確認（□に入るものを答えよう。答えは，下にあります。）

1

□ 右の図で，△ABC と △A′B′C′ が合同であるとき，
△ABC [①] △A′B′C′ と表され，
対応する線分は，
AB＝A′B′，BC＝[②]，CA＝[③]
対応する角は，∠A＝∠A′，∠B＝∠[④]，∠C＝∠[⑤]

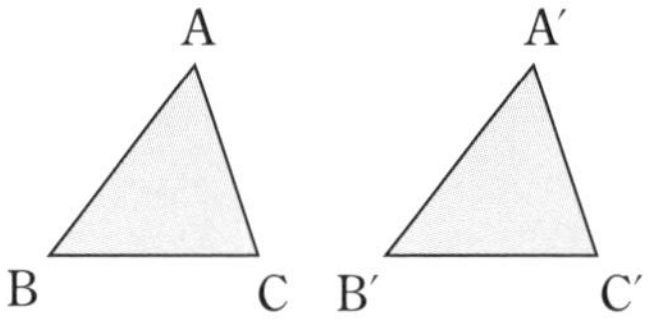

2

□ 右の図で △ABC≡△[⑥] である。
合同条件は，[⑦] がそれぞれ等しい。

★記号≡を使うときは，対応する頂点の名まえを周にそって同じ順に書く。

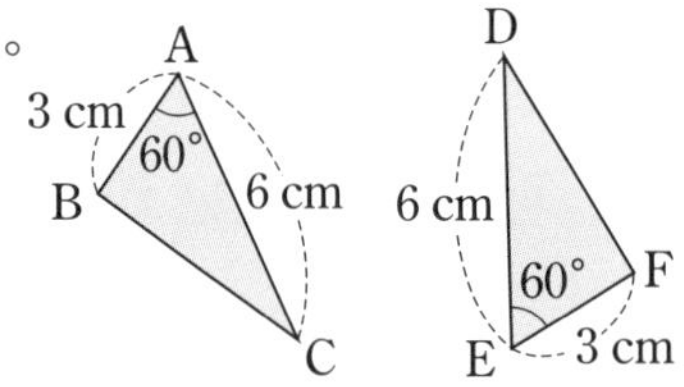

□ 右の図で △GHI≡△[⑧] である。
合同条件は，[⑨] がそれぞれ等しい。

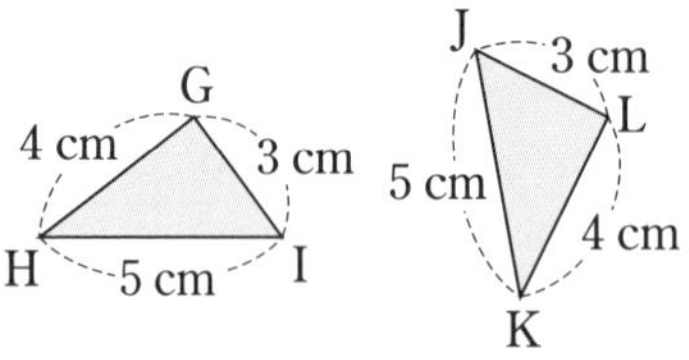

3

□ 「x が 8 の倍数 ならば x は 4 の倍数」ということがらでは，x が 8 の倍数の部分を [⑩]，x は 4 の倍数の部分を [⑪] という。

① ____
② ____
③ ____
④ ____
⑤ ____
⑥ ____
⑦ ____
⑧ ____
⑨ ____
⑩ ____
⑪ ____

答 ①≡ ②B′C′ ③C′A′ ④B′ ⑤C′ ⑥EFD ⑦2組の辺とその間の角 ⑧LKJ ⑨3組の辺 ⑩仮定 ⑪結論

解答 p.10

基礎力UP テスト対策問題

1 合同な図形の性質　右の図で2つの四角形が合同であるとき，次の問に答えなさい。

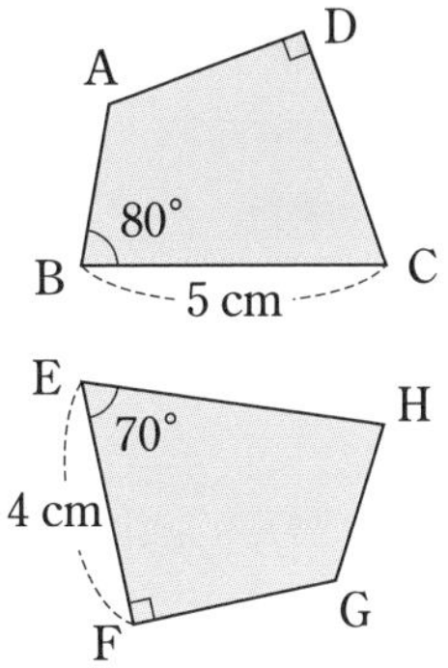

(1)　2つの四角形が合同であることを，記号≡を使って表しなさい。

(2)　辺CD，辺EHの長さをそれぞれ求めなさい。

(3)　∠C，∠Gの大きさをそれぞれ求めなさい。

(4)　対角線AC，対角線FHに対応する対角線をそれぞれ求めなさい。

2 三角形の合同条件　右の△ABCと△DEFにおいて，AB＝DE，BC＝EF です。このほかにどんな条件をつけ加えれば，△ABC≡△DEFになりますか。つけ加える条件を1ついいなさい。また，そのときの合同条件をいいなさい。

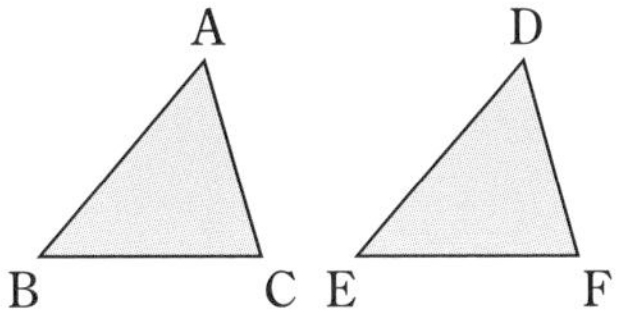

3 仮定と結論　次のことがらについて，それぞれの仮定と結論をいいなさい。

(1)　△ABC≡△DEF ならば ∠A＝∠D である。

(2)　xが4の倍数 ならば xは偶数である。

(3)　正三角形の3つの辺の長さは等しい。

テスト対策ナビ

ミス注意！

合同な図形を記号≡を使って表すとき，対応する頂点は同じ順に書く。

1 (4)　合同な図形では，対応する対角線の長さも等しくなる。

対角線だけではなく，高さも等しくなるよ。

2 三角形の合同条件にあてはめて考える。

絶対に覚える！

○○○ならば□□□
仮定　　結論

解答 p.11

テストに出る！

予想問題 1

4章［平行と合同］図形の性質の調べ方を考えよう
3節 合同な図形

20分

/4問中

1 よく出る 三角形の合同条件　下の図で，合同な三角形の組をすべて見つけ，記号 ≡ を使って表しなさい。また，そのときに使った合同条件をいいなさい。

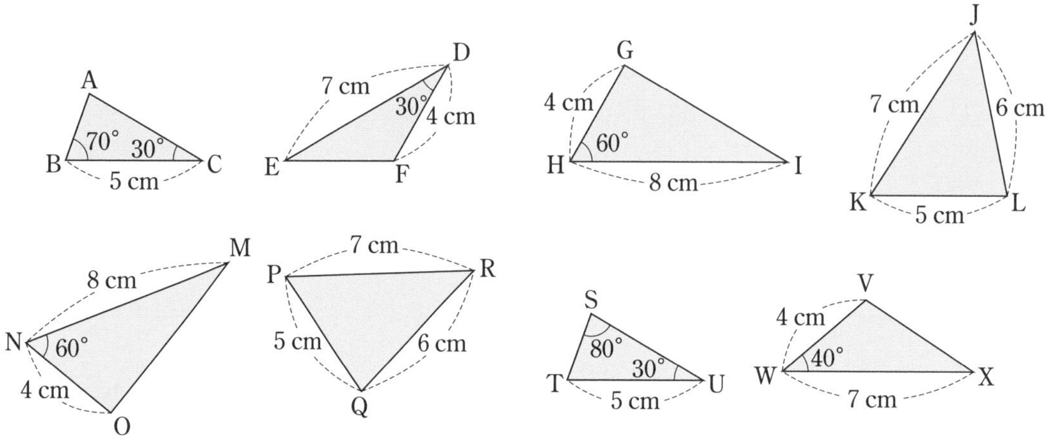

2 三角形の合同条件　次のそれぞれの図形で，合同な三角形の組を見つけ，記号≡を使って表しなさい。また，そのときに使った合同条件をいいなさい。ただし，それぞれの図で，同じ印をつけた辺や角は等しいとします。

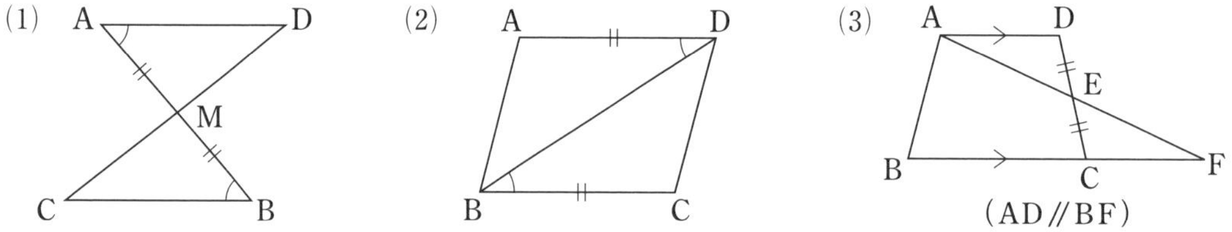

(AD∥BF)

成績UPナビ

1 合同な図形の頂点は，対応する順に書く。

2 対頂角が等しいことや，共通な辺に注目する。

テストに出る！

予想問題 ②

4 章 ［平行と合同］ 図形の性質の調べ方を考えよう

3 節 合同な図形

20分

/4問中

1 証明のすすめ方　下の図で，AB＝CD，AB∥CD ならば，AD＝CB となることを証明します。

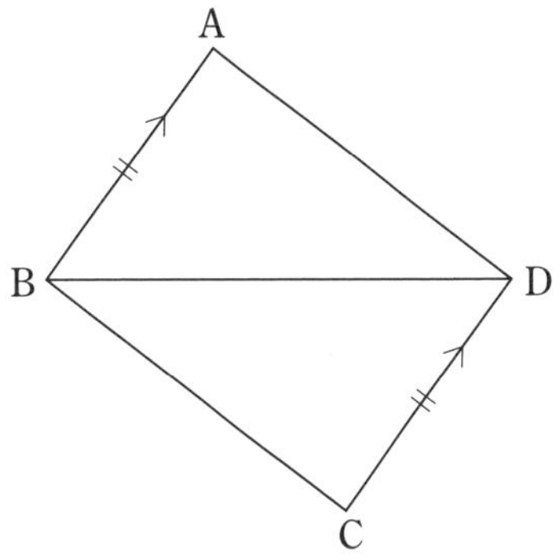

(1) このことがらの仮定と結論をいいなさい。

(2) 次の □ をうめて，証明のすじ道を完成させなさい。

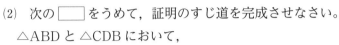

△ABD と △CDB において，

AB＝①［　　］ ……仮定

BD＝②［　　］ ……共通な辺

∠ABD＝③［　　］ ……(ア)

したがって，

△ABD≡④［　　］ ……(イ)

これより，

AD＝⑤［　　］ ……(ウ)

(3) (ア)～(ウ)の根拠となっていることがらをいいなさい。

2 よく出る　証明　右の図で，AB＝AC，AE＝AD ならば，∠ABE＝∠ACD となることを証明しなさい。

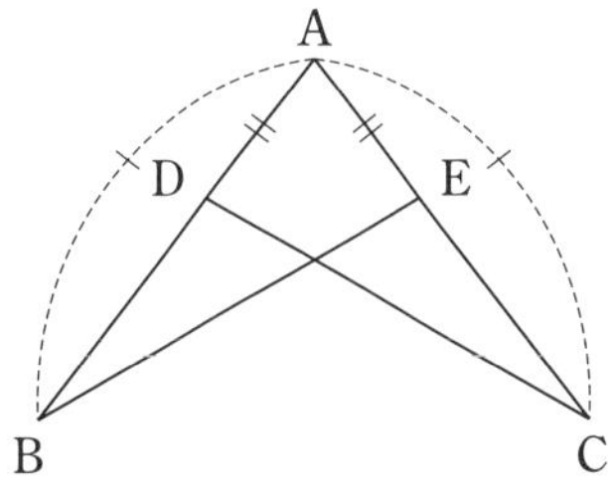

成績UPナビ

1 AD と CB を辺にもつ △ABD と △CDB の合同を示し，結論を導く。

2 △ABE と △ACD の合同を示すために，共通な角を見つける。

テストに出る！

章末予想問題　4章　[平行と合同] 図形の性質の調べ方を考えよう

30分　/100点

1 右の図について，次の問に答えなさい。　5点×4〔20点〕

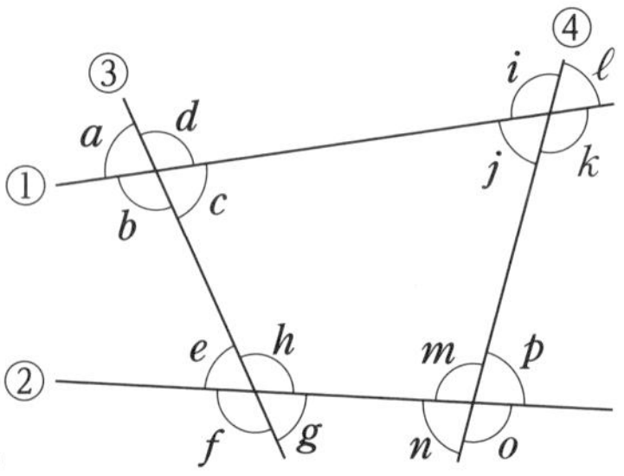

(1)　$\angle e$ の同位角をいいなさい。

(2)　$\angle j$ の錯角をいいなさい。

(3)　直線①と②が平行であるとき，$\angle c + \angle h$ は何度ですか。

(4)　$\angle c = \angle i$ のとき，$\angle g$ と大きさが等しい角をすべて答えなさい。

2 下の図で，$\angle x$ の大きさを求めなさい。　6点×6〔36点〕

(1)

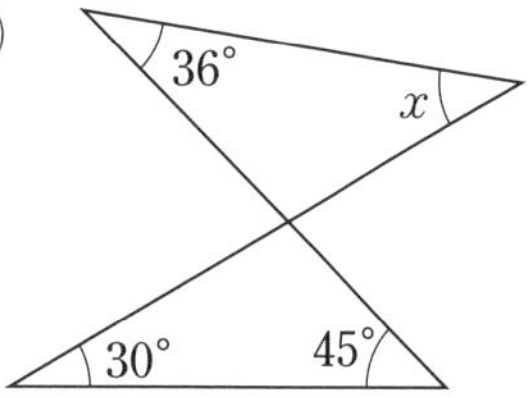

(2)

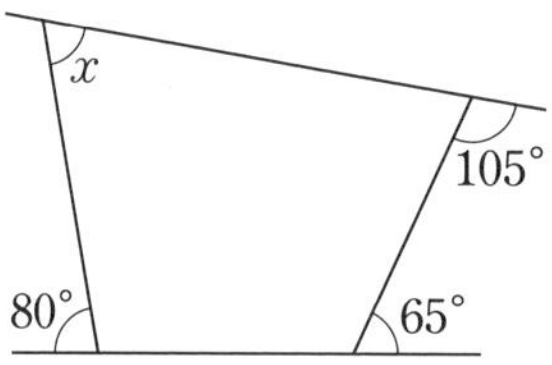

(3)

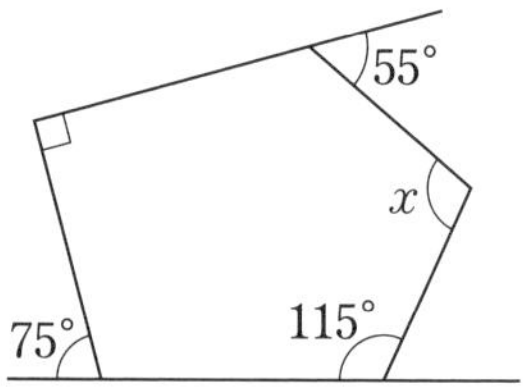

(4)　$\ell /\!/ m$

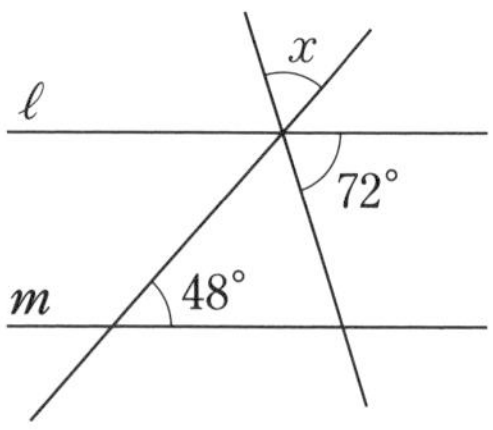

(5)　$\ell /\!/ m$

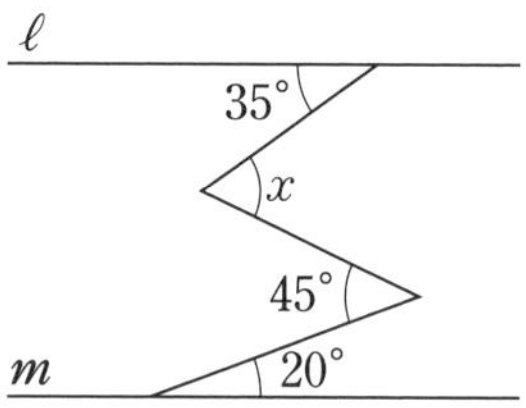

(6)

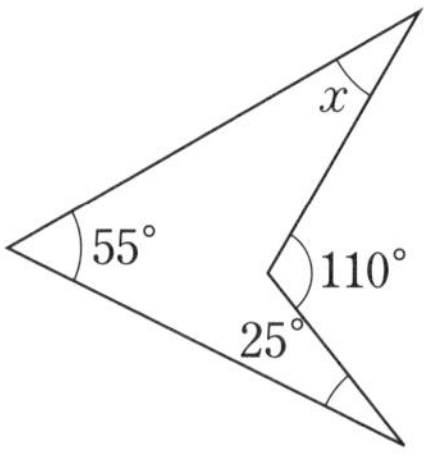

3 次の問に答えなさい。　5点×2〔10点〕

(1)　正九角形の1つの外角の大きさを求めなさい。

(2)　内角の和が1800°である多角形は何角形ですか。

満点ゲット作戦
三角形の合同条件は，「3組の辺」，「2組の辺とその間の角」「1組の辺とその両端の角」の3つ。

ココが要点を再確認 | もう一歩 | 合格
0 70 85 100点

4 右の図で，AC＝AE，∠ACB＝∠AED ならば，BC＝DE となることを，次のように証明しました。□をうめ，(ア)，(イ)の根拠になっていることがらをいいなさい。

5点×5〔25点〕

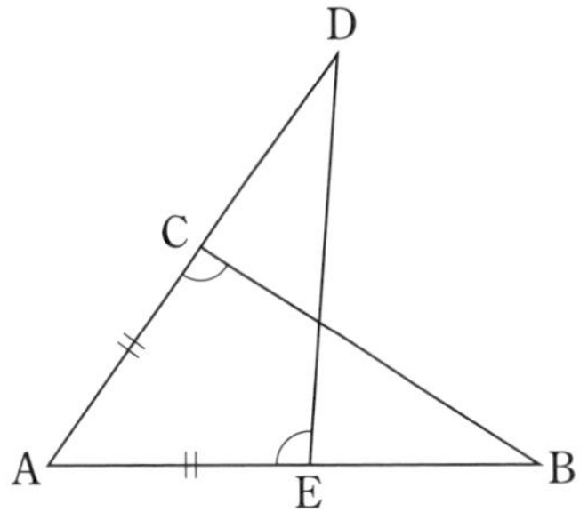

〔証明〕 △ABC と (1)□ において，

仮定から， AC＝(2)□ ……①

∠ACB＝∠AED ……②

∠A は共通 ……③

①，②，③より，（ (ア) ）から，

△ABC≡(1)□

（ (イ) ）から，BC＝(3)□

5 差がつく 右の図で，AC＝DB，∠ACB＝∠DBC ならば，AB＝DC となることを証明しなさい。 〔9点〕

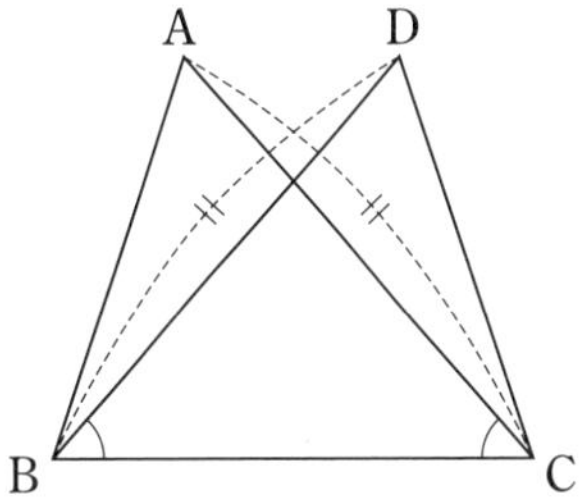

1	(1)	(2)	(3)	(4)
2	(1)	(2)	(3)	
	(4)	(5)	(6)	
3	(1)	(2)		
4	(1)	(2)	(3)	
	(ア)			
	(イ)			
5				

1	/20点	2	/36点	3	/10点	4	/25点	5	/9点

教科書 p.125～p.138

5章 [三角形と四角形] 図形の性質を見つけて証明しよう

1節 三角形

テストに出る！ 教科書のココが要点

さらっとまとめ（赤シートを使って，□に入るものを考えよう。）

1 二等辺三角形の性質 教 p.126～p.132

・ことばの意味をはっきりと述べたものを [定義] という。

・二等辺三角形の定義… [2つの辺] が等しい三角形。

・二等辺三角形で，長さの等しい2つの辺の間の角を [頂角]，頂角に対する辺を [底辺]，底辺の両端の角を [底角] という。

・証明されたことがらのうちで，大切なものを [定理] という。

・二等辺三角形の性質（定理）…1 [底角] は等しい。
2 頂角の二等分線は，底辺を [垂直に2等分] する。

・正三角形の定義… [3つの辺] が等しい三角形。

・正三角形の性質（定理）… [3つの角] は等しい。

2 二等辺三角形になるための条件 教 p.133～p.135

・[2つの角] が等しい三角形は，等しい2つの角を [底角] とする二等辺三角形である。

・ある定理の仮定と結論を入れかえたものを，その定理の [逆] という。

・あることがらが正しくないことを示すには，[反例] を1つあげればよい。

3 直角三角形の合同 教 p.136～p.138

・直角三角形の直角に対する辺を [斜辺] という。

・直角三角形の合同条件…1 斜辺と [1つの鋭角] がそれぞれ等しい。
2 斜辺と [他の1辺] がそれぞれ等しい。

スピード確認（□に入るものを答えよう。答えは，下にあります。）

1

□ 右の図は，AB＝AC の二等辺三角形 ABC で，AD は頂角の二等分線である。

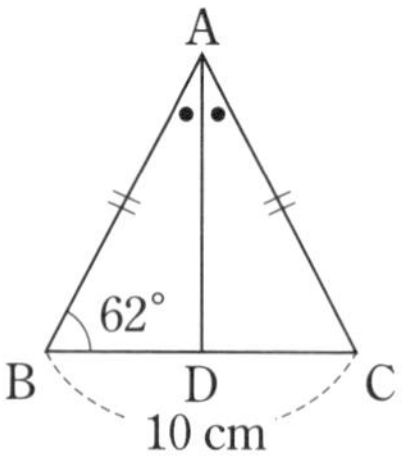

(1) 二等辺三角形の [①] は等しいから，
$\angle C = \angle B =$ [②]°

(2) 頂角の二等分線は，底辺に垂直だから，
$\angle ADB =$ [③]°
$\angle BAD = 180° - (90° +$ [④]°$) =$ [⑤]°

(3) 頂角の二等分線は，底辺を垂直に2等分するから，
$BD = \frac{1}{2}BC =$ [⑥] cm

① ______
② ______
③ ______
④ ______
⑤ ______
⑥ ______

答 ①底角 ②62 ③90 ④62 ⑤28 ⑥5

解答 p.12

基礎力UP テスト対策問題

1 二等辺三角形の性質　下のそれぞれの図で，同じ印をつけた辺や角は等しいとして，∠x の大きさを求めなさい。

(1)

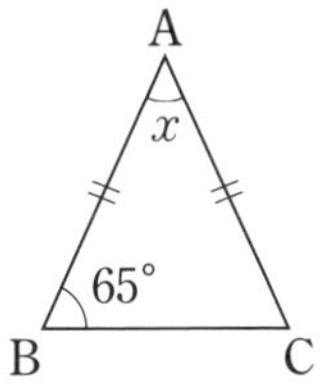

(2)

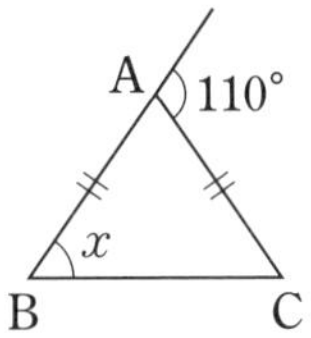

(3)

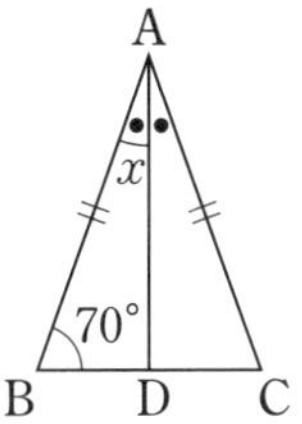

2 二等辺三角形になるための条件　右の図の△ABC で AB＝AC，BD＝CE のとき，△ADE は二等辺三角形となることを，次のように証明しました。

□ をうめなさい。

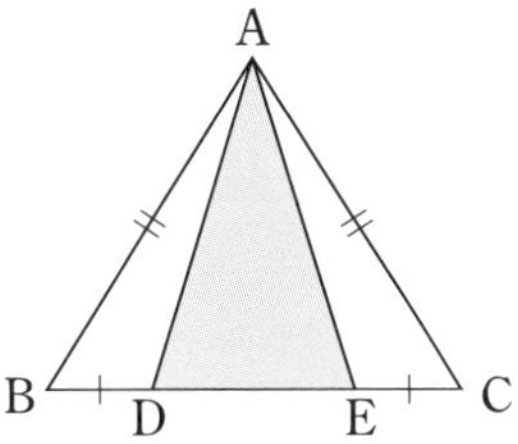

〔証明〕 △ABD と △㋐□ において，

仮定から，　AB＝㋑□　　……①

BD＝㋒□　　……②

二等辺三角形 ABC の底角は等しいから，

∠ABD＝∠㋓□　　……③

①，②，③より，㋔□ がそれぞれ等しいから，

△ABD≡△㋕□

合同な図形の対応する辺は等しいから，AD＝AE

2つの辺が等しいので，△ADE は二等辺三角形となる。

3 直角三角形の合同条件　下の図で，合同な直角三角形はどれとどれですか。記号≡を使って表しなさい。また，そのときに使った直角三角形の合同条件をいいなさい。

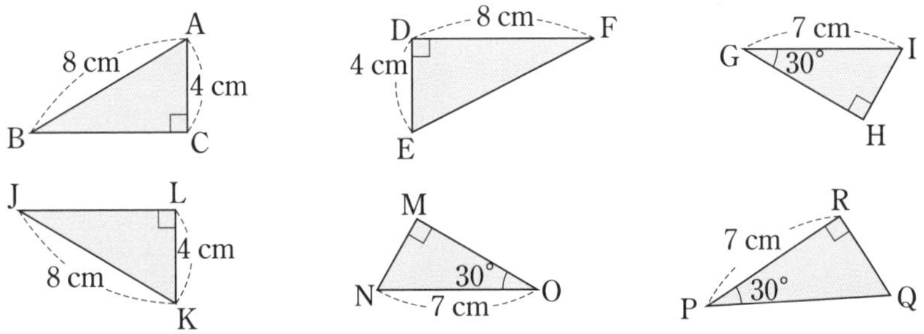

テスト対策ナビ

絶対に覚える!

- 二等辺三角形の底角は等しい。
- 二等辺三角形の頂角の二等分線は，底辺を垂直に2等分する。

2 △ABC は二等辺三角形なので，底角が等しい。

ADとAEをそれぞれ辺にもつ2つの三角形の合同を証明するんだね。

3 合同な直角三角形を見つけるときは，「斜辺と1つの鋭角」「斜辺と他の1辺」が等しいか調べる。

テストに出る！
予想問題 ❶
5章［三角形と四角形］図形の性質を見つけて証明しよう
1節 三角形
20分　/6問中

1 二等辺三角形の性質　右の図の△ABC で，AD＝BD＝CD のとき，次の角の大きさを求めなさい。

(1) ∠ADB　　(2) ∠ABC

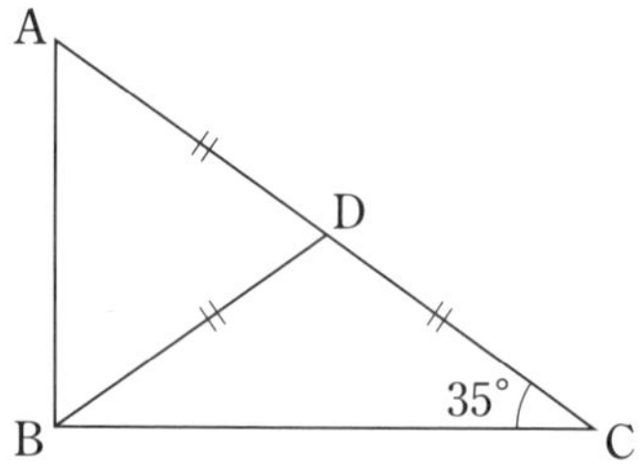

2 二等辺三角形の頂角の二等分線　右の図の△ABC で，AB＝BC，∠B の二等分線と辺 AC との交点を D とします。

(1) $\angle x$ と $\angle y$ の大きさをそれぞれ求めなさい。

(2) AD の長さを求めなさい。

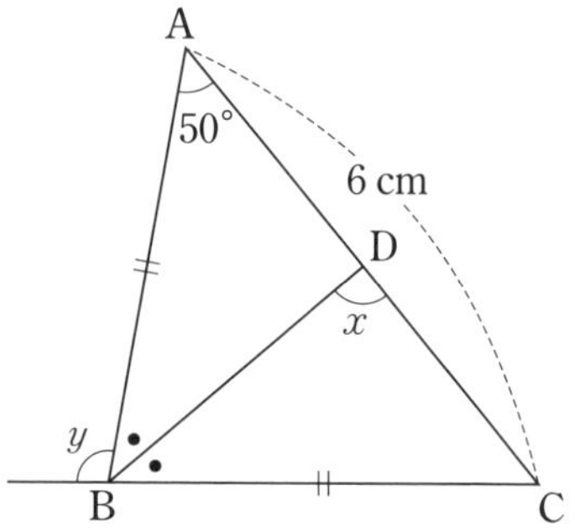

3 二等辺三角形になるための条件　右の図の二等辺三角形 ABC で，2つの底角の二等分線の交点を P とするとき，△PBC は二等辺三角形になることを証明しなさい。

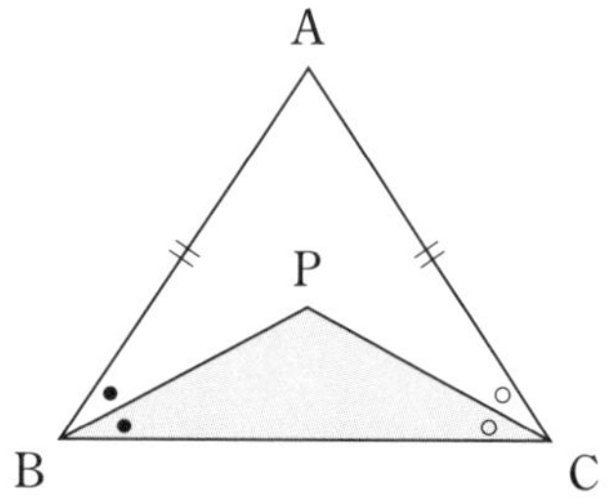

4 よく出る　二等辺三角形になるための条件　右の図のように，長方形 ABCD を対角線 BD で折り返したとき，重なった部分の△FBD は二等辺三角形になることを証明しなさい。

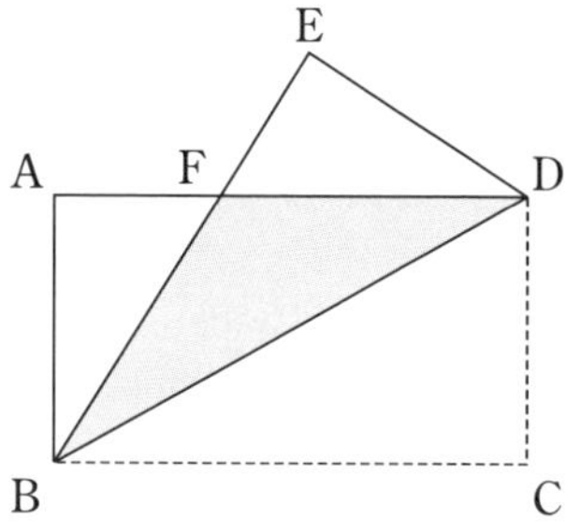

成績UPナビ
3 2つの角が等しければ，その三角形は二等辺三角形である。
4 長方形 ABCD は，AD∥BC であることを利用して，2つの角が等しいことを導く。

 解答 p.12

テストに出る！

予想問題 ②

5章［三角形と四角形］図形の性質を見つけて証明しよう

1節 三角形

20分

/6問中

1 逆　次の(1)～(3)について，それぞれの逆をいいなさい。また，それが正しいかどうかも調べ，正しくない場合は反例を1つあげなさい。

(1)　$a=4$，$b=3$ ならば $a+b=7$ である。

(2)　2直線に1つの直線が交わるとき，2直線が平行 ならば 同位角は等しい。

(3)　二等辺三角形の2つの角は等しい。

2 直角三角形の合同　右の図で，△ABC は AB＝AC の二等辺三角形です。頂点 B，C から辺 AC，AB にそれぞれ垂線 BD，CE をひきます。

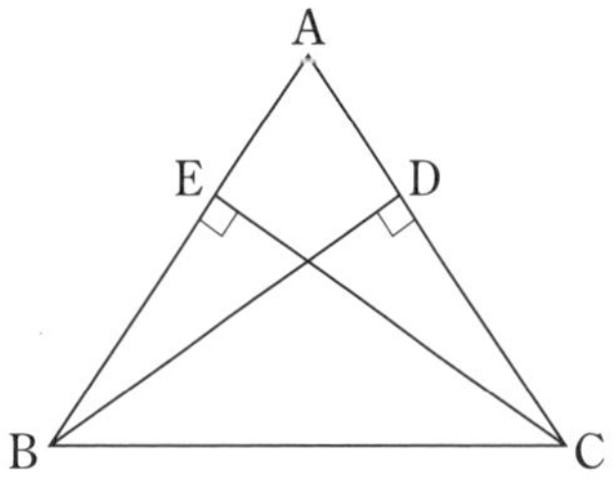

(1)　AD＝AE を証明するには，どの三角形とどの三角形が合同であることを示せばよいですか。

(2)　EC＝DB を証明するには，どの三角形とどの三角形が合同であることを示せばよいですか。また，そのときに使う直角三角形の合同条件をいいなさい。

3 よく出る　直角三角形の合同　右の図のように，∠AOB の二等分線上の点Pがあります。点Pから直線 OA，OB へ垂線をひき，OA，OB との交点をそれぞれ C，D とします。このとき，PC＝PD であることを証明しなさい。

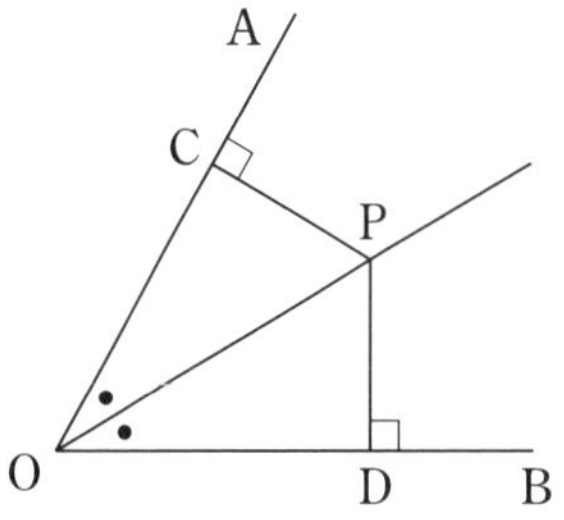

成績UPナビ

1 定理の逆は，定理の仮定と結論を入れかえたものである。
正しくないときは，反例を1つあげればよい。

教科書 p.139〜p.155

5章 [三角形と四角形] 図形の性質を見つけて証明しよう

2節 平行四辺形

テストに出る！ 教科書のココが要点

さらっとまとめ（赤シートを使って，□に入るものを考えよう。）

1 平行四辺形の性質 教 p.139〜p.142

・平行四辺形の定義…2組の対辺 がそれぞれ 平行 な四角形。

・平行四辺形の性質（定理）…1 2組の 対辺 はそれぞれ等しい。
2 2組の 対角 はそれぞれ等しい。
3 対角線 はそれぞれの 中点 で交わる。

2 平行四辺形になるための条件 教 p.143〜p.147

・平行四辺形の定義と性質1〜3のどれか，または「1組の対辺が 平行 でその長さが 等しい 」ことがいえればよい。

3 特別な平行四辺形 教 p.148〜p.150

・長方形の定義…4つの角 がすべて 等しい 四角形。

・ひし形の定義…4つの辺 がすべて 等しい 四角形。

・正方形の定義…4つの角 がすべて 等しく， 4つの辺 がすべて 等しい 四角形。

・長方形の対角線…長さが 等しい 。

・ひし形の対角線…垂直 に交わる。

4 平行線と面積 教 p.153〜p.154

・底辺が共通な三角形では，高さが等しければ 面積 も等しい。

スピード確認（□に入るものを答えよう。答えは，下にあります。）

1

□ 右の ▱ABCD について答えなさい。

(1) 平行四辺形の対辺は等しいから，
BC＝AD＝ ① cm

(2) 平行四辺形の対角は等しいから，
∠BCD＝∠BAD＝ ② °

(3) 平行四辺形の対角線は，それぞれの ③ で交わるから，
BO＝DO＝ ④ cm

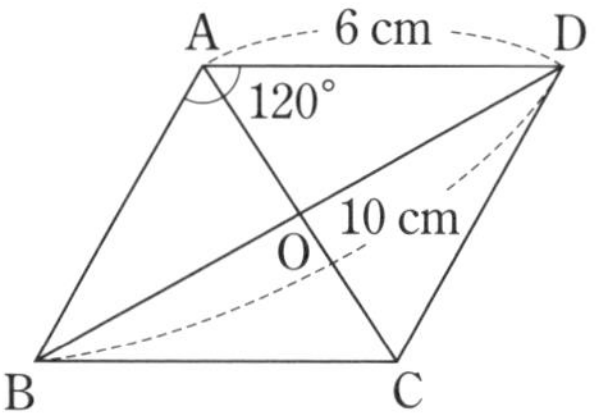

①

②

③

④

⑤

2

□ 次の四角形 ABCD で，いつでも平行四辺形になるものは ⑤ である。ただし，四角形 ABCD の対角線の交点をOとする。

㋐ AB∥DC，AB＝DC　㋑ AB∥DC，AD＝BC

㋒ AO＝CO，BO＝DO

答 ①6 ②120 ③中点 ④5 ⑤㋐，㋒

基礎力UP テスト対策問題

1 平行四辺形の性質　▱ABCD の対角線の交点をOとし，O を通る直線が辺 AB，DC と交わる点を E，F とします。このとき，AE＝CF となることを，次のように証明しました。[　　] をうめなさい。

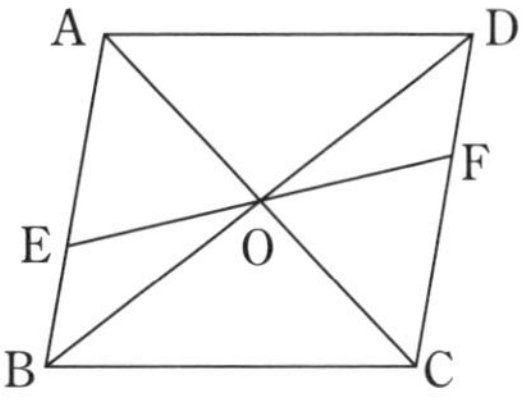

〔証明〕 △AOE と △COF において，

平行四辺形の対角線はそれぞれの [㋐　　　] で交わるから，

OA＝[㋑　　　] ……①

対頂角は等しいから，∠AOE＝[㋒　　　] ……②

AB∥DC より，平行線の [㋓　　　] は等しいから，

∠EAO＝[㋔　　　] ……③

①，②，③より，[㋕　　　　　　　　　　　　] から，

△AOE≡△COF

合同な図形の対応する辺は等しいから，AE＝CF

2 平行四辺形になるための条件　右の図の ▱ABCD の対角線の交点をOとし，対角線 BD 上に，BE＝DF となるように 2 点 E，F をとれば，四角形 AECF は平行四辺形になることを，次のように証明しました。[　　] をうめなさい。

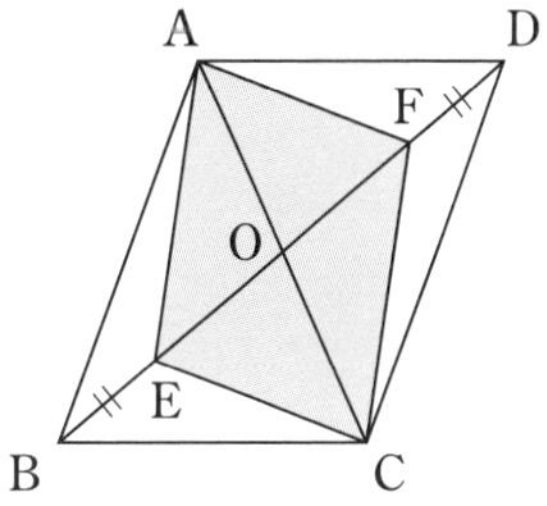

〔証明〕 平行四辺形の対角線は，それぞれの [㋐　　　] で交わるから，

OA＝[㋑　　　] ……①

OB＝[㋒　　　] ……②

仮定から，　BE＝DF ……③

②，③から，OE＝[㋓　　　] ……④

①，④より，[㋔　　　] がそれぞれの [㋕　　　] で交わるから，四角形 AECF は平行四辺形である。

3 平行線と面積　▱ABCD の辺 BC の中点をEとします。

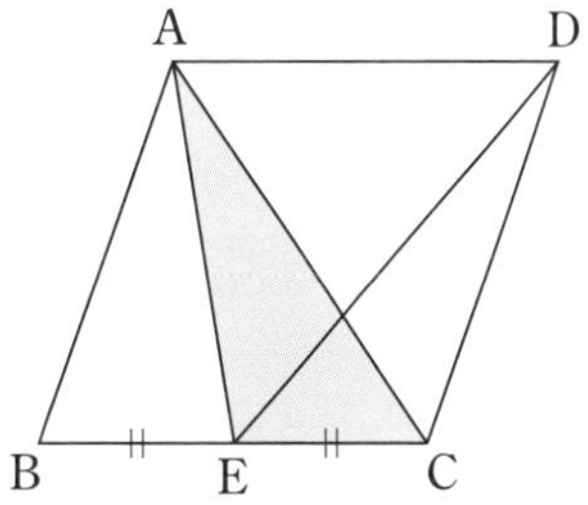

(1) △AEC と面積が等しい三角形を 2 ついいなさい。

(2) △AEC の面積が 20 cm^2 のとき，▱ABCD の面積を求めなさい。

テスト対策ナビ

1 平行四辺形の性質を使って，2 つの三角形の辺や角が等しいことを示す。

絶対に覚える!

平行四辺形になるための条件

1 2 組の対辺がそれぞれ平行。
2 2 組の対辺がそれぞれ等しい。
3 2 組の対角がそれぞれ等しい。
4 対角線がそれぞれの中点で交わる。
5 1 組の対辺が平行でその長さが等しい。

ポイント

底辺と高さが等しい 2 つの三角形の面積は等しい。

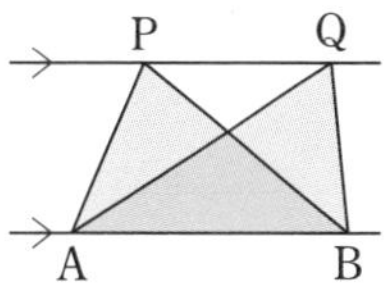

PQ∥AB ⇔ △PAB＝△QAB

テストに出る！

予想問題 ①

5章［三角形と四角形］図形の性質を見つけて証明しよう

2節 平行四辺形

🕓20分　／5問中

1 平行四辺形の性質　右の図で，△ABC は AB＝AC の二等辺三角形です。また，点 D，E，F はそれぞれ辺 AB，BC，CA 上の点で，AC∥DE，AB∥FE です。

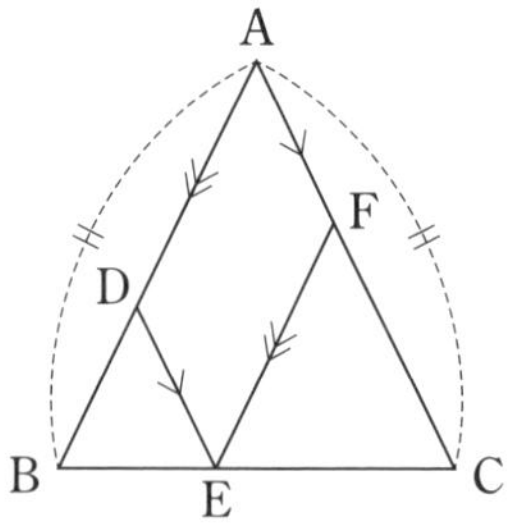

(1) ∠DEF＝52° のとき，∠C の大きさを求めなさい。

(2) DE＝3 cm，EF＝5 cm のとき，辺 AB の長さを求めなさい。

2 よく出る　平行四辺形になるための条件　右の図の ▱ABCD で，∠AEB＝∠CFD＝90° のとき，四角形 AECF は平行四辺形になることを，次のように証明しました。□ をうめなさい。

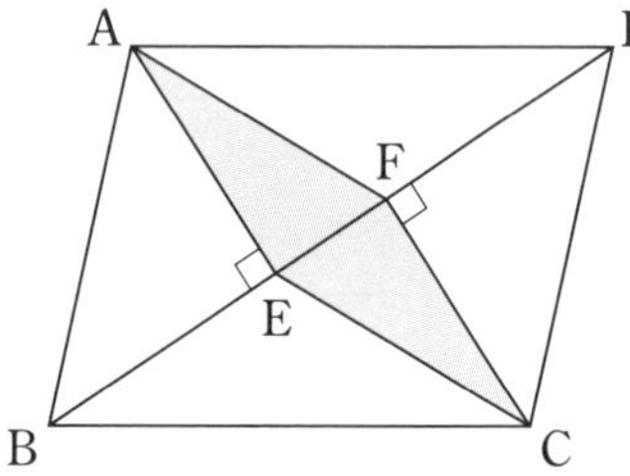

〔証明〕 △ABE と ㋐□ において，

仮定から，∠AEB＝∠CFD＝㋑□ ……①

平行四辺形の対辺は等しいから，

AB＝㋒□ ……②

平行線の錯角は等しいから，

∠ABE＝㋓□ ……③

①，②，③より，直角三角形の ㋔□ がそれぞれ等しいから，

△ABE≡△CDF

したがって，AE＝㋕□ ……④

また，∠AEF＝∠CFE＝90°

錯角が等しいから，AE∥㋖□ ……⑤

④，⑤より，㋗□ 等しいから，

四角形 AECF は平行四辺形である。

3 平行四辺形になるための条件　次の四角形 ABCD は，平行四辺形であるといえますか。ただし，四角形 ABCD の対角線の交点をOとします。

(ア) ∠A＝68°，∠B＝112°，AD＝3 cm，BC＝3 cm

(イ) OA＝OD＝2 cm，OB＝OC＝3 cm

成績UPナビ

1 AF∥DE，AD∥FE だから，四角形 ADEF は平行四辺形になる。

2 「1組の対辺が平行でその長さが等しい」という条件に注目する。

テストに出る！

予想問題 ②

5章［三角形と四角形］図形の性質を見つけて証明しよう

2節 平行四辺形

20分　/4問中

1 特別な平行四辺形　下の図は，平行四辺形が長方形，ひし形，正方形になるためには，どんな条件を加えればよいかまとめたものです。□にあてはまる条件を，㋐〜㋕のなかからすべて選びなさい。

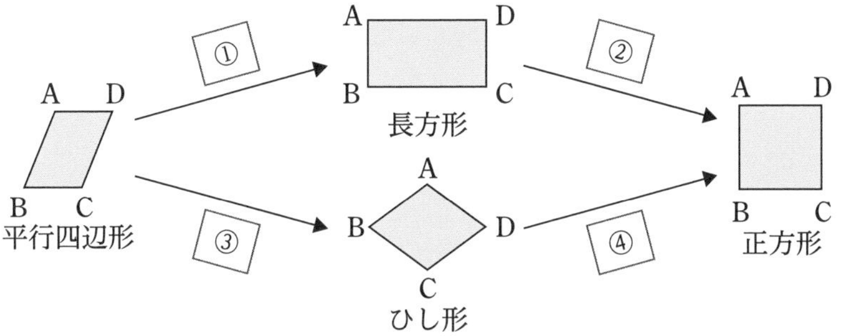

㋐ AD∥BC
㋑ AB＝BC
㋒ AC⊥BD
㋓ ∠A＝90°
㋔ AB∥DC
㋕ AC＝BD

2 ひし形　右の図のような，対角線が垂直に交わる▱ABCDについて，次の問に答えなさい。ただし，ACとBDとの交点をOとします。

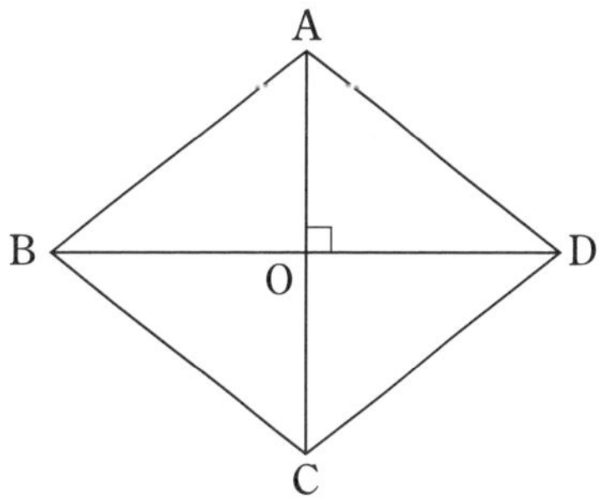

(1) △ABO≡△ADO であることを証明しなさい。

(2) ▱ABCD は，ひし形であることを証明しなさい。

3 よく出る　平行線と面積　右の図で，BCの延長上に点Eをとり，四角形ABCDと面積が等しい△ABEをかきなさい。また，下の□をうめて，四角形ABCD＝△ABE の証明を完成させなさい。

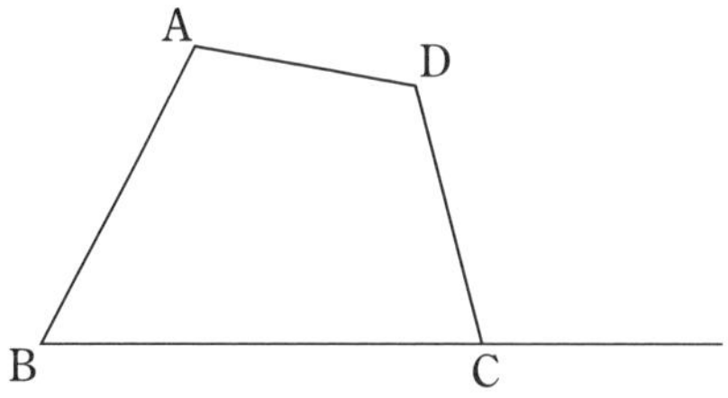

［証明］ 四角形ABCD＝△ABC＋㋐□

△ABE＝△ABC＋㋑□

AC∥DE から，△ACD＝㋒□

したがって，四角形ABCD＝△ABE

成績UPナビ

1 長方形，ひし形，正方形の定義と，それぞれの対角線の性質から考える。

3 点Dを通り，ACに平行な直線をひき，辺BCの延長との交点をEとする。

テストに出る！

章末予想問題

5章 ［三角形と四角形］ 図形の性質を見つけて証明しよう

30分 /100点

1 次の図で，同じ印をつけた辺や角は等しいとして，$\angle x$，$\angle y$ の大きさを求めなさい。

10点×3〔30点〕

(1)

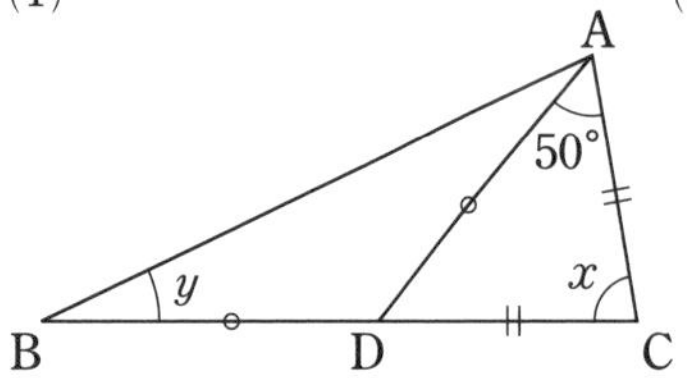

(2)

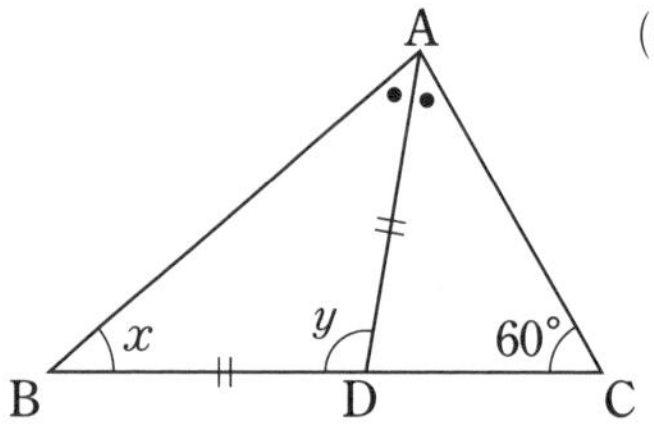

(3)

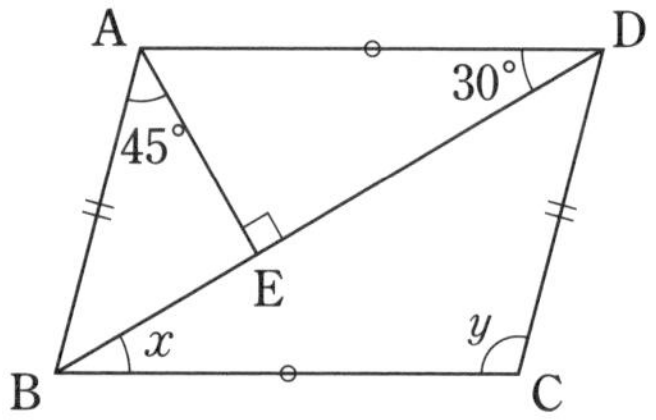

2 右の図で，△ABC は AB＝AC の二等辺三角形です。BE＝CD のとき，△FBC は二等辺三角形になります。このことを，△EBC と △DCB の合同を示すことによって証明しなさい。

〔15点〕

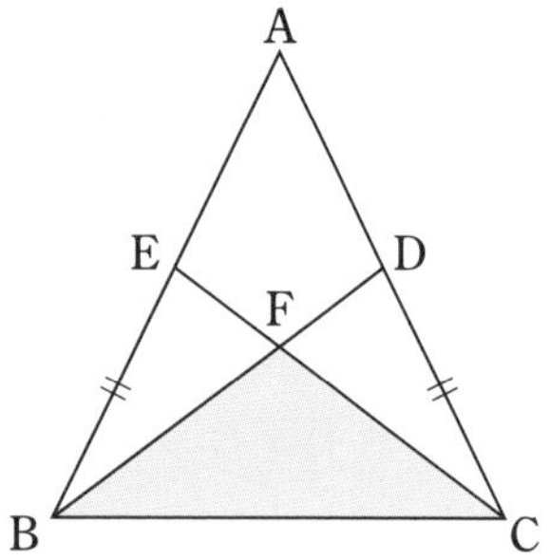

3 右の図で，△ABC は $\angle A=90°$ の直角二等辺三角形です。∠B の二等分線が辺 AC と交わる点を D とし，D から辺 BC に垂線 DE をひきます。

10点×2〔20点〕

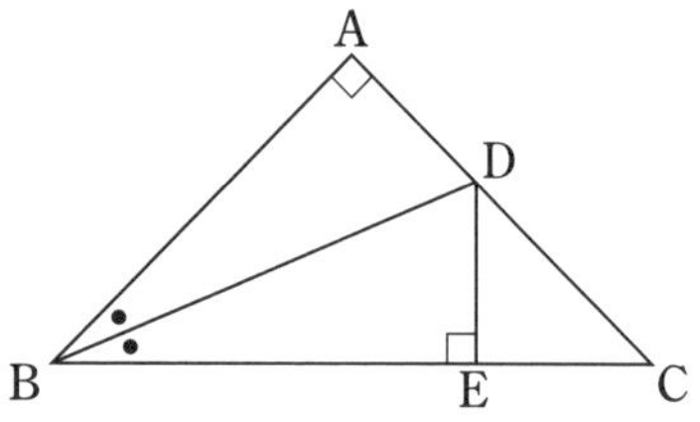

(1) △ABD と合同な三角形を記号≡を使って表しなさい。また，そのときに使った合同条件をいいなさい。

(2) 線分 DE と長さの等しい線分を 2 ついいなさい。

4 右の図で，▱ABCD の ∠BAD，∠BCD の二等分線と辺 BC，AD との交点を，それぞれ P，Q とします。このとき，四角形 APCQ が平行四辺形になることを証明しなさい。

〔15点〕

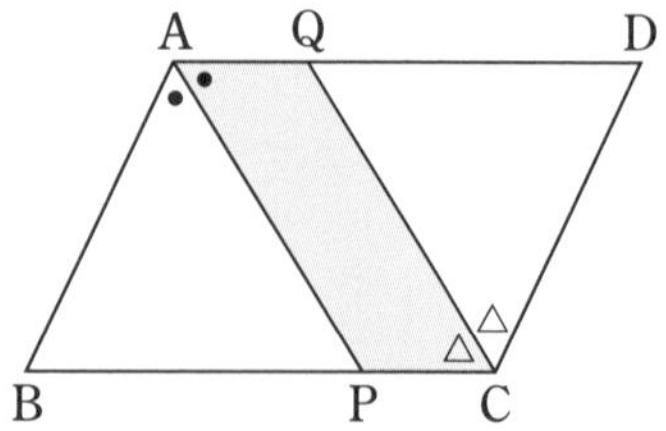

解答 p.13

満点ゲット作戦

三角形，四角形の定義や性質（定理）はしっかり覚えて，証明の根拠に書こう。面積が等しい三角形は，平行線に注目して見つける。

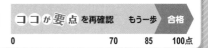

ココが要点を再確認　もう一歩　合格
0　70　85　100点

5 右の図の長方形 ABCD で，P，Q，R，S はそれぞれ辺 AB，BC，CD，DA の中点です。四角形 PQRS は，どんな四角形になりますか。〔10 点〕

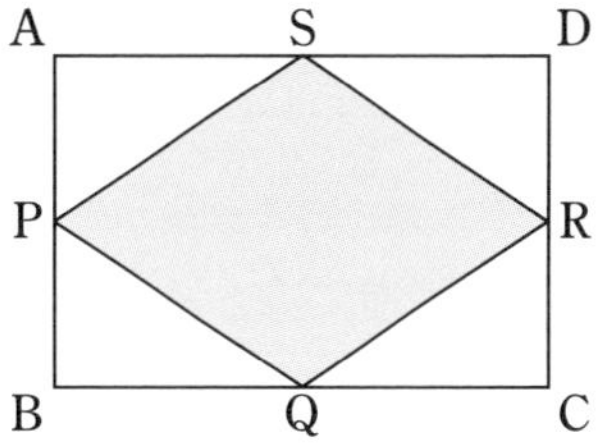

6 **差がつく** 右の図で，▱ABCD の対角線 AC に平行な直線をひき，辺 AB，BC との交点をそれぞれ E，F とします。このとき，△AED と面積が等しい三角形をすべて答えなさい。〔10 点〕

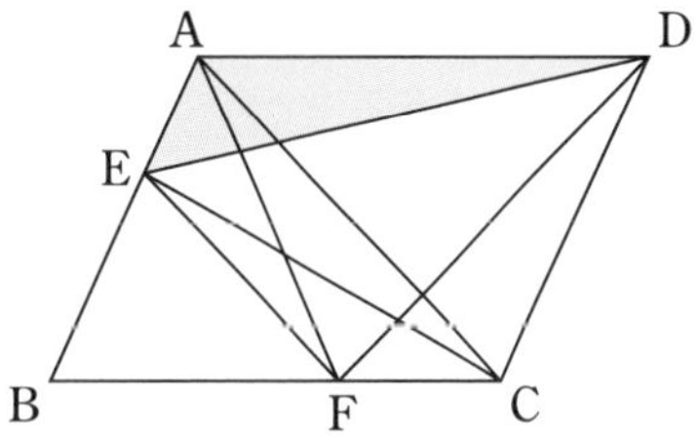

1	(1) ∠x＝　　　，∠y＝	(2) ∠x＝　　　，∠y＝
	(3) ∠x＝　　　，∠y＝	
2		
3	(1)	
	(2)	
4		
5		
6		

1 /30点	2 /15点	3 /20点	4 /15点	5 /10点	6 /10点

1節 確率

テストに出る！ 教科書のココが要点

さらっとまとめ（赤シートを使って，□に入るものを考えよう。）

1 同様に確からしいこと 教 p.162～p.166

・起こりうる場合が全部で n 通りあり，どの場合が起こることも 同様に確からしい とする。

そのうち，ことがらAの起こる場合が a 通りあるとき，Aの起こる確率 p は，

$p=\dfrac{a}{n}$ となる。

・あることがらの起こる確率 p のとりうる値は，$0 \leqq p \leqq 1$ の範囲にある。

・起こりうるすべての場合をあげるとき，樹形図 がよく利用される。

例 2枚の硬貨A，Bを同時に投げるとき，表，裏の出方は，右の樹形図より，4通りある。

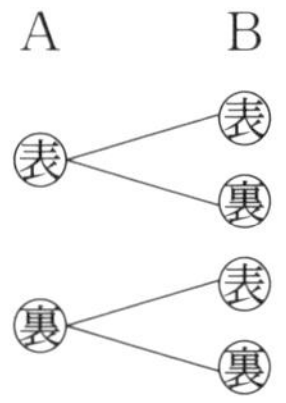

スピード確認（□に入るものを答えよう。答えは，下にあります。）

1

□ 正しく作られた1つのさいころを投げるとき，目の出方は全部で ① 通りあり，どの目が出ることも ② 。

3の目が出る場合は1通りで，その確率は $\dfrac{1}{③}$ である。

□ (Aの起こる確率)＝$\dfrac{(\ ④\ 場合の数)}{(起こりうるすべての場合の数)}$

□ 確率 p の範囲は，$⑤ \leqq p \leqq ⑥$ である。

□ 1枚の硬貨を2回投げる。

(1) 1回が表で1回が裏の出る確率は，

右の樹形図より，$\dfrac{⑦}{4}=\dfrac{⑧}{2}$

(2) 2回とも裏が出る確率は $\dfrac{⑨}{4}$

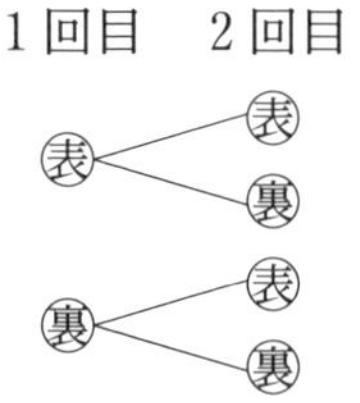

①
②
③
④
⑤
⑥
⑦
⑧
⑨

答 ①6 ②同様に確からしい ③6 ④Aの起こる ⑤0 ⑥1 ⑦2 ⑧1 ⑨1

解答 p.14

基礎力UP テスト対策問題

1 同様に確からしいこと　ジョーカーを除く52枚のトランプから1枚ひくとき，㋐，㋑のことがらの起こりやすさは同じであるといえますか。

㋐　赤いマーク（ハートまたはダイヤ）のカードをひく

㋑　黒いマーク（クラブまたはスペード）のカードをひく

2 確率とその求め方　**1つのさいころを投げるとき，次の問に答えなさい。**

(1)　起こりうる場合は，全部で何通りありますか。

(2)　(1)のどれが起こることも，同様に確からしいといえますか。

(3)　出た目の数が偶数である場合は，何通りありますか。

(4)　出た目の数が偶数である確率を求めなさい。

(5)　出た目の数が3の倍数である確率を求めなさい。

(6)　出た目の数が6の約数である確率を求めなさい。

3 樹形図　**100円硬貨と10円硬貨が1枚ずつあり，この2枚を同時に投げるとき，次の確率を求めなさい。**

(1)　2枚とも裏が出る確率

(2)　表が出た硬貨について，その金額の合計が100円以上になる確率

テスト対策ナビ

絶対に覚える！

(Aの起こる確率)

$=\dfrac{(\text{Aの起こる場合の数})}{(\text{すべての場合の数})}$

2 (2)　さいころは，正しく作られているものとして考える。

(5)　3の倍数となるのは，3，6。

(6)　6の約数となるのは，1，2，3，6。

ある整数をわりきることができる整数が約数だよ。

ポイント

起こりうるすべての場合を，樹形図にかき出してみる。

テストに出る！

予想問題 ❶

6章［確率］起こりやすさをとらえて説明しよう

1節 確率

⏱ 20分

/9問中

1 同様に確からしいこと　次の文章は，さいころの目の出方について説明したものです。㋐～㋓のうち，正しいものをすべて選びなさい。

㋐　さいころを6回投げると，3の目はかならず1回出る。

㋑　さいころを6000回投げると，3の目はそのうち1000回程度出ると期待できる。

㋒　さいころを1回投げるとき，3の目が出る確率と4の目が出る確率は同じである。

㋓　さいころを1回投げて3の目が出たから，次にこのさいころを投げるときは，4の目が出る確率は $\frac{1}{6}$ より大きくなる。

2 確率とその求め方　1，2，3，…，20の数を1つずつ記入した20枚のカードがあります。このカードをよくきって1枚ひきます。

(1)　起こりうる場合は全部で何通りありますか。また，どの場合が起こることも同様に確からしいといえますか。

(2)　ひいた1枚のカードに書かれた数が偶数である確率を求めなさい。

(3)　ひいた1枚のカードに書かれた数が4の倍数である確率を求めなさい。

(4)　ひいた1枚のカードに書かれた数が20の約数である確率を求めなさい。

3 よく出る　確率とその求め方　ジョーカーを除く52枚のトランプから1枚ひくとき，次の確率を求めなさい。

(1)　ひいたカードがダイヤである確率

(2)　ひいたカードがキングである確率

(3)　ひいたカードが絵札である確率

(4)　ひいたカードが18である確率

成績UPナビ

2 (4)　20の約数をすべて書き出してから考える。

3 (3)　絵札はJ，Q，Kのことである。

テストに出る!
予想問題 ②

6章［確率］起こりやすさをとらえて説明しよう
1節 確率

20分 /8問中

1 確率とその求め方 赤球4個，白球5個，青球3個が入った袋があります。この袋の中から球を1個取り出すとき，次の確率を求めなさい。

(1) 白球が出る確率

(2) 赤球または白球が出る確率

(3) 赤球または白球または青球が出る確率

2 よく出る 樹形図と確率 A，B，Cの3人がじゃんけんを1回します。

(1) グー，チョキ，パーを，それぞれ㋘，㋠，㋩と表して，樹形図をかきなさい。

(2) A 1人が勝つ確率を求めなさい。

(3) あいこになる確率を求めなさい。

3 樹形図と確率 2，4，6，8の数を1つずつ記入した4枚のカードがあります。このカードをよくきってから1枚ひき，十の位の数とします。次に，ひいたカードをもとにもどさずにもう1枚ひき，一の位の数として，2けたの整数をつくります。

(1) できる整数が3の倍数になる確率を求めなさい。

(2) できる整数が64以上になる確率を求めなさい。

成績UPナビ
1 (2) 赤球と白球が合わせて何個あるか考える。
3 樹形図をかいて，起こりうる場合をすべてあげてみる。

1節 確率　2節 確率による説明

テストに出る！ 教科書のココが要点

さらっとまとめ（赤シートを使って，□に入るものを考えよう。）

1 いろいろな確率 教 p.167〜p.169

・順番が関係ないことがらの確率を，樹形図を用いて考えるときは，[組み合わせが同じ]ものを消して考える。

例 A，B，Cの3人のなかから，2人の当番を選ぶときの樹形図を考えると，下の①のようになる。このとき，たとえばAとB，BとAの当番の構成は同じであるので，同じものを消して樹形図を整理すると，下の②のように[3]通りになる。

・ことがらAの起こらない確率　(Aの起こらない確率)＝1－([Aの起こる確率])

例 1つのさいころを投げるとき，1の目の出ない確率は，$1-\frac{1}{6}=\boxed{\frac{5}{6}}$

スピード確認（□に入るものを答えよう。答えは，下にあります。）

1

□ 大小2つのさいころを投げるとき，出た目の数の和が7になる確率を考える。右の表より，出た目の数の和が7になる場合は[①]通りあるので，確率は，

$\frac{\boxed{①}}{36}=\frac{\boxed{②}}{6}$

大＼小	1	2	3	4	5	6
1	2	3	4	5	6	⑦
2	3	4	5	6	⑦	8
3	4	5	6	⑦	8	9
4	5	6	⑦	8	9	10
5	6	⑦	8	9	10	11
6	⑦	8	9	10	11	12

□ 大小2つのさいころを投げるとき，出た目の数の和が7にならない確率は，

$1-\frac{\boxed{③}}{6}=\frac{\boxed{④}}{6}$

★(和が7にならない確率)＝1－(和が7になる確率)

□ 2枚の硬貨を投げるとき，少なくとも1枚は表が出る確率を考える。2枚とも裏になる確率は，

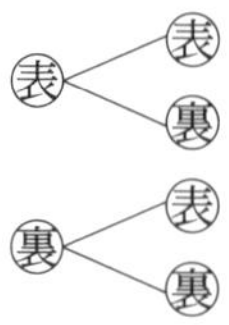

$\frac{\boxed{⑤}}{4}$ だから，少なくとも1枚は表が出る確率は，

$1-\frac{\boxed{⑥}}{4}=\frac{\boxed{⑦}}{4}$

★(少なくとも1枚は表が出る確率)＝1－(2枚とも裏が出る確率)

①
②
③
④
⑤
⑥
⑦

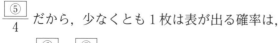

答 ①6　②1　③1　④5　⑤1　⑥1　⑦3

解答 p.14

基礎力UP テスト対策問題

1 いろいろな確率　赤球３個と白球２個が入った袋があります。この袋の中から，同時に２個の球を取り出します。

(1) 赤球３個を①，②，③，白球２個を４，５として区別し，取り出し方が全部で何通りあるかを，樹形図をかいて求めなさい。

(2) ２個とも赤球である確率を求めなさい。

(3) 赤球と白球が１個ずつである確率を求めなさい。

2 いろいろな確率　２つのさいころを投げるとき，出た目の数の和について，次の問に答えなさい。

(1) 右の表は，２つのさいころを，A，Bで表し，出た目の数の和を調べたものです。空らんをうめなさい。

A＼B	1	2	3	4	5	6
1	2	3				
2	3					
3						
4						
5						
6						

(2) 出た目の数の和が８になる確率を求めなさい。

(3) 出た目の数の和が４の倍数になる確率を求めなさい。

3 起こらない確率　１つのさいころを投げるとき，次の確率を求めなさい。

(1) 偶数の目が出る確率と，出ない確率

(2) ４以下の目が出る確率と，出ない確率

テスト対策ナビ

ミス注意！
①と②を取り出すのと，②と①を取り出すのは同じであることに注意して，樹形図をかく。

2 (2) 和が８になる場合が，何通りあるか，表から求める。

4の倍数になるのは，4，8，12のときがあるね。

絶対に覚える！
(ことがらAの起こらない確率)＝1－(Aの起こる確率)

解答 p.15

テストに出る！

予想問題 ①

6章［確率］起こりやすさをとらえて説明しよう
1節 確率　2節 確率による説明

20分

/8問中

1 いろいろな確率　3, 4, 5, 6, 7, 8の数を1つずつ記入した6枚のカードの入った箱があります。この箱から同時に2枚のカードを取り出します。

(1) 取り出すカードの組み合わせは，全部で何通りありますか。樹形図をかいて求めなさい。

(2) カードに書かれた数の和が10になる確率を求めなさい。

(3) カードに書かれた数が1枚は偶数，1枚は奇数である確率を求めなさい。

2 よく出る　いろいろな確率　テニス部員のA, B, C, D, Eの5人のなかから，くじびきで2人を選んでダブルスのチームをつくります。このとき，チームのなかにAがふくまれる確率を求めなさい。

3 いろいろな確率　右の表は，2つのさいころA, Bを同時に投げるとき，出た目の数について，さいころAの目が2，さいころBの目が3となる場合を〔2, 3〕と表し，起こりうるすべての場合を表にしたものです。

A＼B	1	2	3	4	5	6
1	〔1, 1〕	〔1, 2〕	〔1, 3〕	〔1, 4〕	〔1, 5〕	〔1, 6〕
2	〔2, 1〕	〔2, 2〕	〔2, 3〕	〔2, 4〕	〔2, 5〕	〔2, 6〕
3	〔3, 1〕	〔3, 2〕	〔3, 3〕	〔3, 4〕	〔3, 5〕	〔3, 6〕
4	〔4, 1〕	〔4, 2〕	〔4, 3〕	〔4, 4〕	〔4, 5〕	〔4, 6〕
5	〔5, 1〕	〔5, 2〕	〔5, 3〕	〔5, 4〕	〔5, 5〕	〔5, 6〕
6	〔6, 1〕	〔6, 2〕	〔6, 3〕	〔6, 4〕	〔6, 5〕	〔6, 6〕

(1) 同じ目が出る確率を求めなさい。

(2) 目の数の積が6になる確率を求めなさい。

(3) 目の数の和が10になる確率を求めなさい。

(4) 2個とも偶数の目が出る確率を求めなさい。

成績UPナビ

3 (2) 積が6になるのは，〔1, 6〕，〔2, 3〕，〔3, 2〕，〔6, 1〕の4通りある。
(3) 和が10になるのは，〔4, 6〕，〔5, 5〕，〔6, 4〕の3通りある。

テストに出る！
予想問題 ②

6章［確率］起こりやすさをとらえて説明しよう
1節 確率　2節 確率による説明

20分　/8問中

1 起こらない確率　**3枚の10円硬貨を同時に投げます。**

(1) 3枚の硬貨をA, B, Cと区別し，表が出たときを㋔，裏が出たときを㋒と表して，表裏の出方を樹形図に表しなさい。

(2) 3枚とも裏になる確率を求めなさい。

(3) 少なくとも1枚は表になる確率を求めなさい。

2 起こらない確率　袋の中に，赤球1個，白球1個が入っています。この袋から1個の球を取り出し，色を調べて袋の中にもどしてから，もう一度1個の球を取り出すとき，少なくとも1個は白球を取り出す確率を求めなさい。

3 よく出る　確率による説明　**5本のうち2本のあたりくじが入っているくじがあります。A，Bの2人が，この順に1本ずつくじをひきます。**

(1) あたりくじに1，2，はずれくじに③，④，⑤の番号をつけ，A，Bのくじのひき方は何通りあるか樹形図をかいて調べなさい。

(2) 次の確率を求めなさい。

① 先にひいたAがあたる確率　　② あとにひいたBがあたる確率

(3) くじを先にひくのと，あとにひくのとで，どちらがあたりやすいですか。

成績UPナビ
1 (3)「少なくとも1枚」は，「1枚だけ」ではない。「1枚以上」と同じことだから，表が1枚か，2枚か，3枚出る場合のことである。1−(3枚とも裏になる確率)で求める。

テストに出る！

章末予想問題　6章 ［確率］起こりやすさをとらえて説明しよう

⏱ 30分　　/100点

1 次の文章は，さいころの目の出方について説明したものです。㋐〜㋓のうち，正しいものを選びなさい。〔10点〕

㋐　さいころを6回投げるとき，1の目はかならず1回出る。

㋑　さいころを1回投げるとき，偶数の目が出る確率と奇数の目が出る確率は同じである。

㋒　さいころを1回投げるとき，1の目のほうが6の目よりも出やすい。

㋓　さいころを1回投げて6の目が出たから，次にこのさいころを投げるときは，6の目が出る確率は $\frac{1}{6}$ より小さくなる。

2 A，B，Cの3人の男子と，D，Eの2人の女子がいます。この5人のなかからくじびきで1人の委員を選ぶとき，㋐，㋑のことがらの起こりやすさは同じであるといえますか。〔10点〕

㋐　男子が委員に選ばれる　　　㋑　女子が委員に選ばれる

3 右の5枚のカードのなかから2枚のカードを続けて引き，先に引いたほうを十の位の数，あとから引いたほうを一の位の数とする2けたの整数をつくります。10点×3〔30点〕

3　4　5　6　7

(1)　2けたの整数は何通りできますか。

(2)　その整数が偶数になる確率を求めなさい。

(3)　その整数が5の倍数になる確率を求めなさい。

4 2つのさいころA，Bを投げるとき，さいころAの出た目の数を a，さいころBの出た目の数を b とします。10点×2〔20点〕

(1)　$a\times b=20$ になる確率を求めなさい。

(2)　$\frac{a}{b}$ が整数になる確率を求めなさい。

満点ゲット作戦

確率は樹形図や表をかいて，数えもれがないようにしよう。
2つ選んだ(A，B)，(B，A)などは，区別するかどうかを考えよう。

ココが要点を再確認　もう一歩　合格
0　70　85　100点

5 A，B，Cの3人の女子と，D，Eの2人の男子がいます。女子のなかから1人，男子のなかから1人をそれぞれくじびきで選んで，日直を決めます。このとき，BとDがペアになる確率を求めなさい。〔10点〕

6 差がつく 右の図のような正三角形ABCがあります。点Pは頂点Aの位置にあり，さいころを投げて出た目の数だけA→B→C→A→B→…の順番で動きます。2回目にさいころを投げたときは，1回目に動いた位置から点を動かすものとします。10点×2〔20点〕

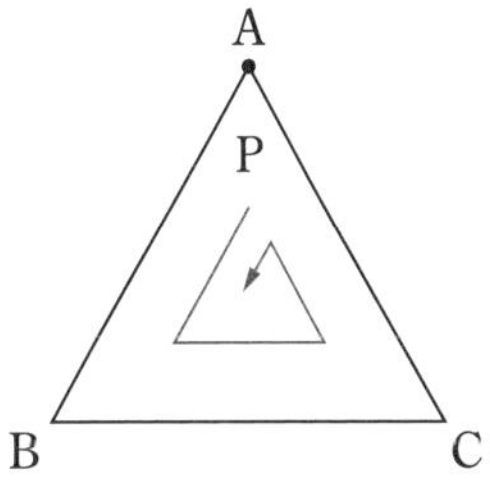

(1) 2回さいころを投げたとき，1回目は3，2回目は4の目が出ました。このとき，点Pはどこにありますか。

(2) 2回さいころを投げたとき，点PがAでとまる確率を求めなさい。

1			
2			
3	(1)	(2)	(3)
4	(1)	(2)	
5			
6	(1)	(2)	

1	2	3	4	5	6
/10点	/10点	/30点	/20点	/10点	/20点

教科書
p.177〜p.185

7章 [データの比較] データを比較して判断しよう

1節 四分位範囲と箱ひげ図

テストに出る! 教科書のココが要点

さらっとまとめ (赤シートを使って，□に入るものを考えよう。)

1 四分位範囲と箱ひげ図 教 p.178〜p.185

・データを小さい順に並べて 4 等分したときの，3 つの区切りの値(あたい)を 四分位数 という。

・四分位数を小さいほうから順に， 第 1 四分位数 ， 第 2 四分位数 (中央値)， 第 3 四分位数 という。

例 データが偶数個あるときの四分位数

例 データが奇数個あるときの四分位数

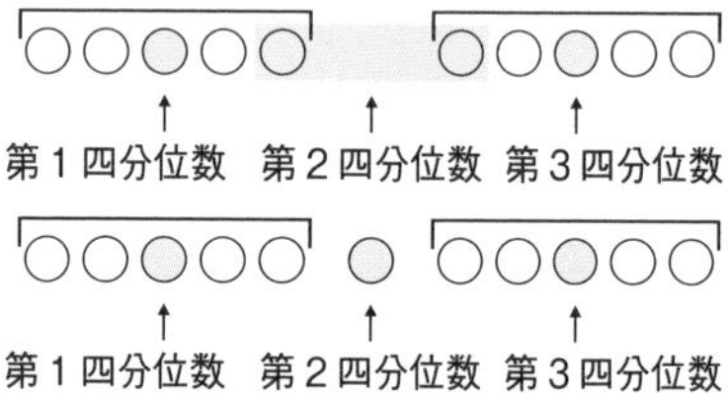

・第 3 四分位数から第 1 四分位数をひいた差を， 四分位範囲 という。

・四分位数と最小値，最大値を 1 つの図に表したものを， 箱ひげ図 という。複数のデータの分布を比較するときに用いることがある。

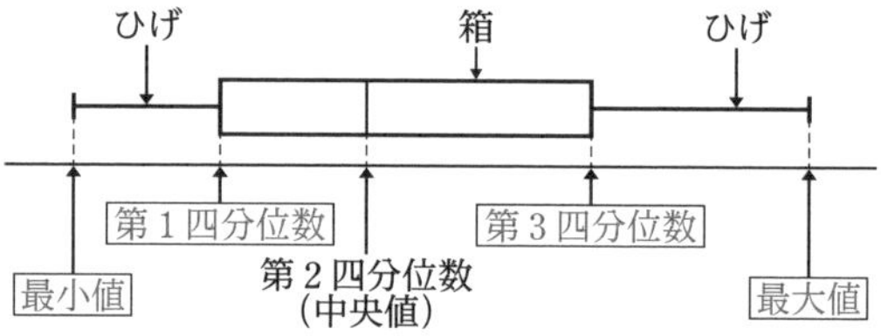

スピード確認 (□に入るものを答えよう。答えは，下にあります。)

1

□ 小さい順に並べたデータが 9 個ある。

(1) 第 2 四分位数は ① 番目の値である。

(2) 第 1 四分位数は ② 番目と ③ 番目の平均値である。

★前半部分の中央値なので，前半部分が偶数個のときは，中央 2 個のデータの平均値となる。

(3) 第 3 四分位数は ④ 番目と ⑤ 番目の平均値である。

□ (四分位範囲)=(第 ⑥ 四分位数)−(第 ⑦ 四分位数)

□ 箱ひげ図で，箱にふくまれるのは，そのデータの第 ⑧ 四分位数から第 ⑨ 四分位数までの値である。

□ 箱ひげ図では，ヒストグラムではわかりにくい ⑩ 値を基準とした散らばりのようすがとらえやすい。

①
②
③
④
⑤
⑥
⑦
⑧
⑨
⑩

答 ①5 ②2 ③3 ④7 ⑤8 ⑥3 ⑦1 ⑧1 ⑨3 (⑧と⑨は順不同) ⑩中央

解答 p.16

基礎力UP テスト対策問題

1 四分位範囲と箱ひげ図　次のデータは，14 人の生徒の通学時間を調べ，短いほうから順に整理したものです。このデータについて，次の問に答えなさい。

6	7	8	10	10	12	13	15	15	15	18	20	23	28

（単位　分）

(1) 四分位数をすべて求めなさい。

(2) 四分位範囲を求めなさい。

(3) 箱ひげ図をかきなさい。

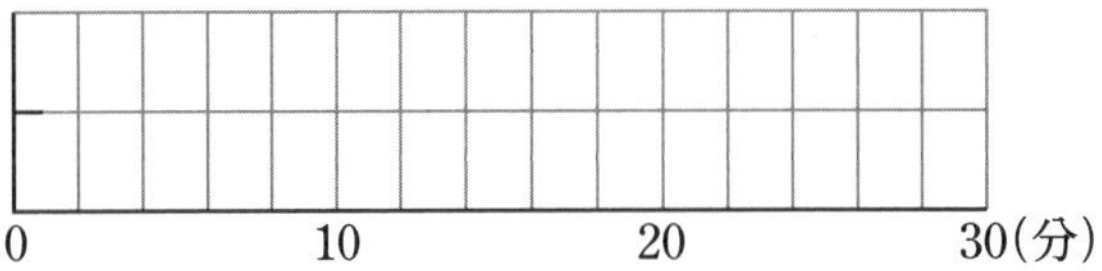

2 四分位範囲と箱ひげ図　下の図は，1 組と 2 組のそれぞれ 27 人が，50 点満点のテストを受けたときの得点の分布のようすを箱ひげ図に表したものです。この図から読みとれることとして，㋐～㋓のそれぞれについて，正しいものには○，正しくないものには×，この図からはわからないものには △ をつけなさい。

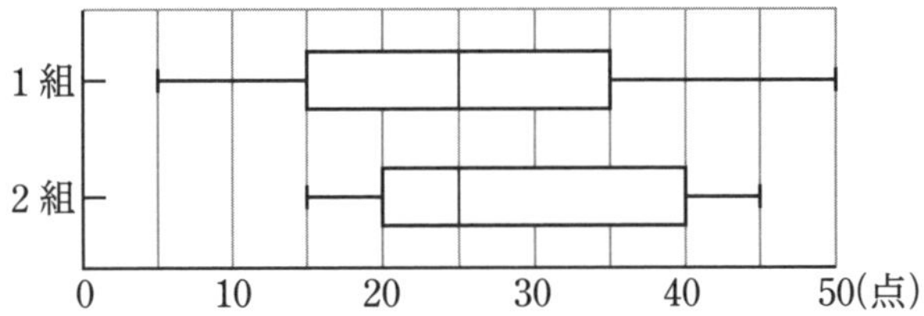

㋐ どちらの組も，データの範囲は等しい。

㋑ どちらの組も，平均点は等しい。

㋒ どちらの組にも，得点が 15 点の生徒がかならずいる。

㋓ 得点が 40 点以上の生徒の人数は，2 組のほうが多い。

テスト対策ナビ

ポイント

第 1 四分位数は，前半部分の中央値で，第 3 四分位数は，後半部分の中央値と考えるとわかりやすい。

1 (2) 四分位範囲は，(第 3 四分位数)−(第 1 四分位数)で求める。

(3) 箱ひげ図は，最小値，3 つの四分位数，最大値を，順にかいていく。

中央値と平均値のちがいに気をつけよう。

テストに出る！

章末予想問題　7章 ［データの比較］データを比較して判断しよう

15分　/100点

1 次のヒストグラムは，㋐～㋒の箱ひげ図のいずれかに対応しています。その箱ひげ図を記号で答えなさい。
20点×3〔60点〕

(1)

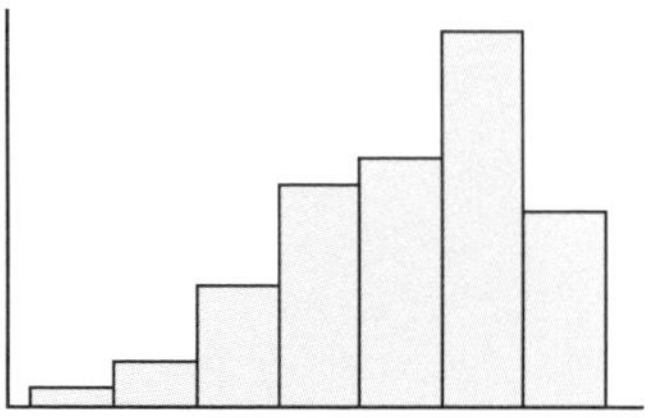

(2)

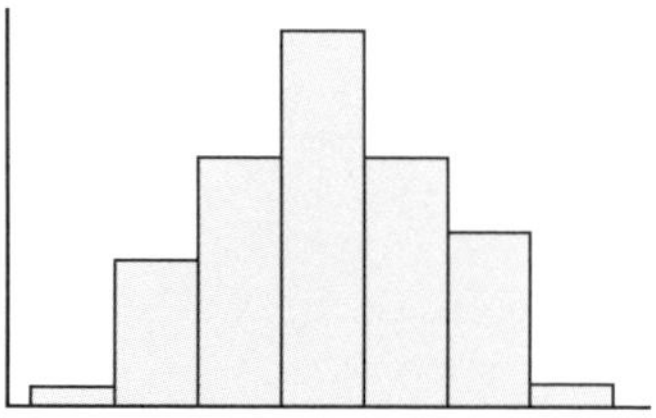

(3)

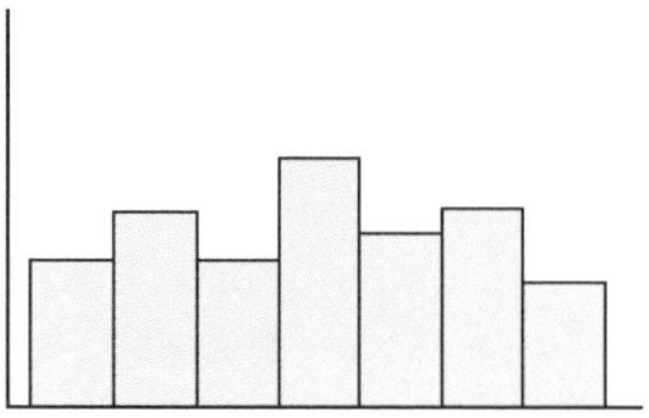

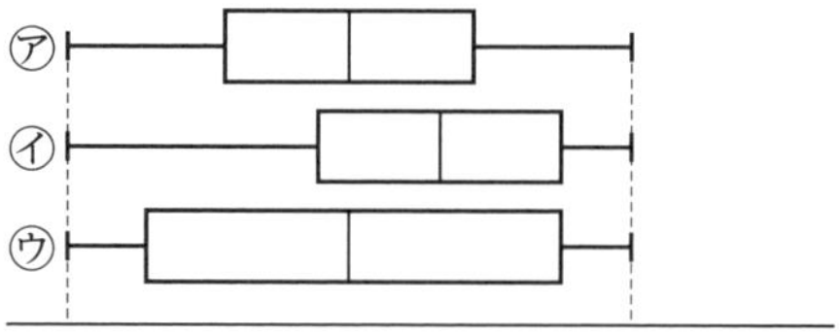

2 差がつく　下の図は，バスケットボールチームのメンバーであるAさん，Bさん，Cさんの，1試合ごとの得点数の分布のようすを，箱ひげ図に表したものです。このとき，箱ひげ図から読みとれることとして正しくないものをいいなさい。
〔40点〕

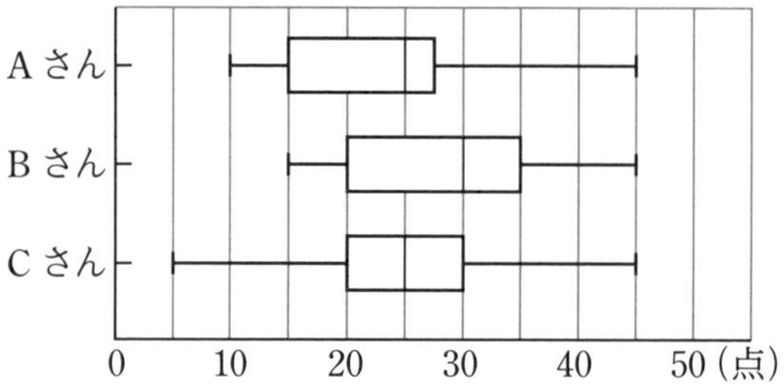

㋐　いずれの人も，1試合で45点をあげたことがある。
㋑　いずれの人も，半分以上の試合で25点以上あげている。
㋒　四分位範囲がもっとも小さいのは，Bさんである。
㋓　AさんとCさんのデータの中央値は等しい。

1	(1)	(2)	(3)
2			

1　/60点	2　/40点

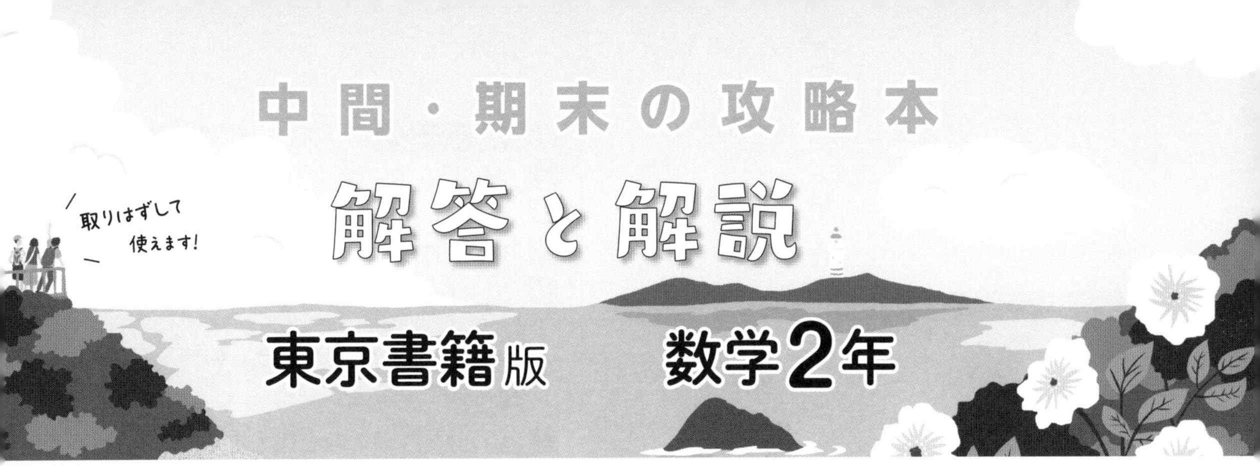

中間・期末の攻略本

解答と解説

東京書籍版　数学2年

1章　文字式を使って説明しよう

p.3　テスト対策問題

1 (1) 係数…-5　次数…3

(2) 項…$4x$, $-3y^2$, 5　次数…2

2 (1) $3x+10y$　(2) $8x-7y$

(3) $2x-3y$　(4) $10x-15y+30$

(5) $10x-2y$　(6) $8x+3y$

3 (1) $12xy$　(2) $-12abc$

(3) $32x^2y^2$　(4) $9x$

(5) $-2b$　(6) $-3ab$

解説

1 (2) 多項式の次数は，多項式の各項の次数のうちでもっとも大きいものだから，

$\underset{\text{次数1}}{4x}+\underset{\text{次数2}}{(-3y^2)}\ \underset{\text{定数の項}}{+5}$　より，次数は2

2 (2) $(7x+2y)+(x-9y)$

$=7x+2y+x-9y=8x-7y$

(3) $(5x-7y)-(3x-4y)$

$=5x-7y-3x+4y=2x-3y$

(5) $4(2x+y)+2(x-3y)$

$=8x+4y+2x-6y=10x-2y$

(6) $5(2x-y)-2(x-4y)$

$=10x-5y-2x+8y=8x+3y$

3 (2) $(-4ab)\times 3c=(-4)\times 3\times a\times b\times c=-12abc$

(3) $-8x^2\times(-4y^2)$

$=(-8)\times(-4)\times x\times x\times y\times y=32x^2y^2$

(4) $36x^2y\div 4xy=\dfrac{36x^2y}{4xy}=\dfrac{\overset{9}{\cancel{36}}\times\overset{1}{\cancel{x}}\times x\times\overset{1}{\cancel{y}}}{\underset{1}{\cancel{4}}\times\underset{1}{\cancel{x}}\times\underset{1}{\cancel{y}}}=9x$

(6) $(-9ab^2)\div 3b=-\dfrac{9ab^2}{3b}=-\dfrac{\overset{3}{\cancel{9}}\times a\times\overset{1}{\cancel{b}}\times b}{\underset{1}{\cancel{3}}\times\underset{1}{\cancel{b}}}$

$=-3ab$

p.4　予想問題 ❶

1 (1) 項…x^2y, xy, $-3x$, 2　3次式

(2) 項…$-s^2t^2$, st, 8　4次式

2 (1) $4x^2-2x$　(2) $7ab$

(3) $7a-4b$　(4) $-3a+1$

(5) $4a-b$　(6) $4x-5y+5$

3 (1) $-12a+4b-8$　(2) $2x+y-5$

(3) $-3x+5y$　(4) $-8a+6b-2$

4 (1) $\dfrac{13x+5y}{12}$　(2) $\dfrac{2a-b}{10}$

(3) $\dfrac{-4a-7b}{6}$　(4) $\dfrac{4x-5y}{7}$

解説

2 ポイント　$-(\ \ )$の形のかっこをはずすときは，各項の符号が変わるので注意する。

(4) $(a^2-4a+3)-(a^2+2-a)$

$=a^2-4a+3-a^2-2+a=-3a+1$

(6) ひく式の各項の符号を変えて加えてもよい。

$$\begin{array}{rr} & 5x-2y-3 \\ -) & x+3y-8 \\ \hline \end{array} \quad \Rightarrow \quad \begin{array}{rr} & 5x-2y-3 \\ +) & -x-3y+8 \\ \hline & 4x-5y+5 \end{array}$$

3 ミス注意!　負の数をかけるときは，符号に注意する。

(2) $(-6x-3y+15)\times\left(-\dfrac{1}{3}\right)$

$=-6x\times\left(-\dfrac{1}{3}\right)-3y\times\left(-\dfrac{1}{3}\right)+15\times\left(-\dfrac{1}{3}\right)$

$=2x+y-5$

4 ポイント　通分してから，分子を計算する。

(2) $\dfrac{3a+b}{5}-\dfrac{4a+3b}{10}$

$=\dfrac{2(3a+b)-(4a+3b)}{10}$

$=\dfrac{6a+2b-4a-3b}{10}=\dfrac{2a-b}{10}$

(4) $x-y-\dfrac{3x-2y}{7}=\dfrac{7(x-y)-(3x-2y)}{7}$

$=\dfrac{7x-7y-3x+2y}{7}=\dfrac{4x-5y}{7}$

p.5 予想問題 ❷

1 (1) $\boldsymbol{6x^2y}$　(2) $\boldsymbol{-3mn}$

(3) $\boldsymbol{-5x^3}$　(4) $\boldsymbol{-2ab^2}$

2 (1) $\boldsymbol{4b}$　(2) $\boldsymbol{\dfrac{ab^2}{5}}$

(3) $\boldsymbol{-27y}$　(4) $\boldsymbol{-\dfrac{2b}{a}}$

3 (1) $\boldsymbol{x^2y}$　(2) $\boldsymbol{2a^2b}$

(3) $\boldsymbol{\dfrac{a^4}{3}}$　(4) $\boldsymbol{-\dfrac{1}{x^2}}$

4 **2倍**

解説

1 ミス注意！ $(-b)^2$ と $-b^2$ のちがいに注意！

(4) $-2a\times(-b)^2$

$=-2a\times(-b)\times(-b)=-2ab^2$

2 ポイント 除法は，乗法になおして計算する。わる式の逆数をかければよい。

(3) $\dfrac{1}{3}xy$ の逆数は，$3xy$ ではない。

$\dfrac{1}{3}xy=\dfrac{xy}{3}$ だから，逆数は $\dfrac{3}{xy}$

$(-9xy^2)\div\dfrac{1}{3}xy=(-9xy^2)\times\dfrac{3}{xy}$

$=-\dfrac{9\times x\times y\times y\times 3}{x\times y}=-27y$

3 (2) $ab\div2b^2\times4ab^2$

$=\dfrac{ab\times4ab^2}{2b^2}=\dfrac{a\times b\times4\times a\times b\times b}{2\times b\times b}=2a^2b$

(4) $(-12x)\div(-2x)^2\div3x$

$=(-12x)\div4x^2\div3x=-\dfrac{12x}{4x^2\times3x}$

$=-\dfrac{12\times x}{4\times x\times x\times3\times x}=-\dfrac{1}{x^2}$

4 (Aの体積)$=x^2\times y=x^2y$ (cm³)

(Bの体積)$=(2x)^2\times\dfrac{1}{2}y=2x^2y$ (cm³)

$\dfrac{(\text{Bの体積})}{(\text{Aの体積})}=\dfrac{2x^2y}{x^2y}=2$ (倍)

p.7 テスト対策問題

1 (1) **11**　(2) **−12**

2 (1) ㋑，㋒　(2) ㋕，㋖

3 $\boldsymbol{11x+11y}$

4 (1) $\boldsymbol{x=2y-3}$　(2) $\boldsymbol{x=2y+6}$

(3) $\boldsymbol{x=-2y+4}$　(4) $\boldsymbol{y=\dfrac{7x-11}{6}}$

解説

1 ミス注意！ 負の数を代入するときは，(　)をつけて代入する。

(1) $2(a+2b)-(3a+b)=2a+4b-3a-b$

$=-a+3b$

この式に $a=-2$，$b=3$ を代入すると，

$-a+3b=-(-2)+3\times3=11$

(2) $14ab^2\div7b=2ab=2\times(-2)\times3=-12$

3 $(10x+y)+(10y+x)$

$=10x+y+10y+x=11x+11y$

4 (3) $5x+10y=20$

$5x=-10y+20$

$x=-2y+4$

(4) $7x-6y=11$

$-6y=-7x+11$

$y=\dfrac{7x-11}{6}$

p.8 予想問題 ❶

1 (1) ① **9**　② **55**

(2) ① **−18**　② **3**

2 ① **1**　② **偶数（2の倍数）**

③ **1**

3 **5つの続いた整数のうち，真ん中の整数を n とすると，5つの続いた整数は，**

$\boldsymbol{n-2,\ n-1,\ n,\ n+1,\ n+2}$

と表される。したがって，それらの和は，

$\boldsymbol{(n-2)+(n-1)+n+(n+1)+(n+2)}$

$\boldsymbol{=5n}$

n は整数だから，$5n$ は5の倍数である。したがって，5つの続いた整数の和は5の倍数になる。

4 **はじめの数の十の位を x，一の位を y とすると，はじめの数は $10x+y$，数字を入れかえた数は $10y+x$ と表される。**

したがって，はじめの数から数字を入れか

えた数をひいた差は，

$(10x+y)-(10y+x)=9x-9y$

$=9(x-y)$

$x-y$ は整数だから，$9(x-y)$ は 9 の倍数である。したがって，2 けたの自然数から，その数の一の位の数字と十の位の数字を入れかえた数をひいた差は 9 の倍数になる。

解説

1 ポイント　式の値を求めるときは，式を計算してから代入すると，求めやすくなる。

(1) ② $4(2a+3b)-5(2a-b)$

$=8a+12b-10a+5b=-2a+17b$

$=-2\times(-2)+17\times3=55$

(2) ② $8x^3y^2\div(-2x^2y)=-4xy$

$=-4\times(-3)\times\frac{1}{4}=3$

3 参考　真ん中の整数を n とすると，それらの和をもっとも簡単な式で表すことができる。

p.9 予想問題 ❷

1 (1) **縦に 3 つ囲んだ数のうち，真ん中の数を n とすると，3 つの数は，**

$n-7$，n，$n+7$

と表される。したがって,それらの和は，

$(n-7)+n+(n+7)=3n$

したがって，縦に 3 つ囲んだ数の和は真ん中の数の 3 倍になる。

(2) **(例)　真ん中の数の 3 倍になる。**

2 (1) $y=\frac{-5x+4}{3}$　(2) $a=\frac{3b+12}{4}$

(3) $y=\frac{3}{2x}$　(4) $x=-12y+3$

(5) $b=\frac{3a-9}{5}$　(6) $y=\frac{c-b}{a}$

3 (1) $b=\frac{S}{a}$　(2) $h=\frac{V}{\pi r^2}$

解説

1 (2) 斜めに 3 つ囲んだ数のうち，真ん中の数を m とすると，3 つの数は，$m-6$，m，$m+6$ と表される。したがって，それらの和は，

$(m-6)+m+(m+6)=3m$

したがって，斜めに 3 つ囲んだ数の和は，真ん中の数の 3 倍になる。

別解　$3m$ から，3 の倍数と答えてもよい。

2 (3) $\frac{1}{3}xy=\frac{1}{2}$

両辺に 3 をかける

$xy=\frac{3}{2}$

両辺を x でわる

$y=\frac{3}{2x}$

3 参考　(1)は長方形の横の長さを求める式，(2)は円柱の高さを求める式である。

p.10～p.11 章末予想問題

1 (1) **項…$2x^2$，$3xy$，9　　2 次式**

(2) **項…$-2a^2b$，$\frac{1}{3}ab^2$，$-4a$　3 次式**

2 (1) $4x^2-x$　(2) $14a-19b$

(3) $6ab-3a^2$　(4) $-6x^2+4y$

(5) $\frac{5a-2b}{12}$　(6) x^3y^2

(7) $-6b$　(8) $-3xy^3$

3 (1) 3　(2) -2　(3) 8

4 **m，n を整数とすると，奇数は $2m+1$，偶数は $2n$ と表すことができる。**

したがって，奇数と偶数の和は，

$(2m+1)+2n$

$=2m+1+2n$

$=2(m+n)+1$

となる。$m+n$ は整数だから，奇数と偶数の和は奇数になる。

5 (1) $y=\frac{-3x+7}{2}$　(2) $a=\frac{V}{bc}$

(3) $x=\frac{y+3}{4}$　(4) $b=2a-c$

(5) $h=\frac{3V}{\pi r^2}$　(6) $a=\frac{2S}{h}-b$

解説

2 (5) $\frac{3a-2b}{4}-\frac{a-b}{3}$

$=\frac{3(3a-2b)-4(a-b)}{12}$

$=\frac{9a-6b-4a+4b}{12}=\frac{5a-2b}{12}$

3 (1) $(3x+2y)-(x-y)=3x+2y-x+y$

$=2x+3y=2\times2+3\times\left(-\frac{1}{3}\right)=3$

(3) $18x^3y\div(-6xy)\times2y=-\frac{18x^3y\times2y}{6xy}$

$=-6x^2y=-6\times2^2\times\left(-\frac{1}{3}\right)=8$

2章　方程式を利用して問題を解決しよう

p.13 テスト対策問題

1 ㋑

2 (1) $x=2,\ y=-3$　(2) $x=1,\ y=3$
(3) $x=1,\ y=2$　(4) $x=3,\ y=2$

3 (1) $x=2,\ y=8$　(2) $x=3,\ y=7$
(3) $x=7,\ y=3$　(4) $x=-5,\ y=-4$

4 (1) $x=1,\ y=-1$　(2) $x=-2,\ y=5$
(3) $x=-4,\ y=2$　(4) $x=1,\ y=2$

解説

1 $x=-1$, $y=3$ を，2つの式に代入して，どちらも成り立つかどうか調べる。

2 上の式を①，下の式を②とする。

(3)
$$\begin{array}{lrl} ① & 3x+2y= & 7 \\ ②\times 3 & -)\ 3x+15y= & 33 \\ \hline & -13y= & -26 \end{array}$$
$$y=2$$
$y=2$ を①に代入すると，$3x+4=7$
$3x=3$
$x=1$

(4)
$$\begin{array}{lrl} ①\times 5 & 20x+15y= & 90 \\ ②\times 4 & +)\ -20x+28y= & -4 \\ \hline & 43y= & 86 \end{array}$$
$$y=2$$
$y=2$ を①に代入すると，$4x+6=18$
$4x=12$
$x=3$

3 上の式を①，下の式を②とする。

(3) ②を①に代入すると，$4(3y-2)-5y=13$
$y=3$
$y=3$ を②に代入すると，$x=9-2$
$x=7$

(4) ①を②に代入すると，$3x-2(x+1)=-7$
$x=-5$
$x=-5$ を①に代入すると，$y=-5+1$
$y=-4$

4 上の式を①，下の式を②とする。

(1) かっこをはずし，整理してから解く。
②より，$4x+3y=1$　……③
①−③×2 より，$y=-1$
$y=-1$ を③に代入すると，$x=1$

(2) ②の両辺に 10 をかけて分母をはらうと，
$5x-2y=-20$　……③
①+③ より，$x=-2$
$x=-2$ を①に代入すると，$y=5$

(3) ②の両辺を 10 倍して係数を整数にすると，
$3x+7y=2$　……③
①×3−③×2 より，$y=2$
$y=2$ を①に代入すると，$x=-4$

(4) **ポイント** $A=B=C$ の形をした連立方程式は，$\begin{cases} A=B \\ A=C \end{cases}$　$\begin{cases} A=B \\ B=C \end{cases}$　$\begin{cases} A=C \\ B=C \end{cases}$
のどれかの組み合わせをつくって解く。
$\begin{cases} 3x+2y=7 & ……① \\ 5x+y=7 & ……② \end{cases}$
②より，$y=-5x+7$　……③
③を①に代入すると，$x=1$
$x=1$ を③に代入すると，$y=2$

p.14 予想問題 ❶

1 (1) $x=4,\ y=3$　(2) $x=-2,\ y=4$
(3) $x=-2,\ y=2$　(4) $x=-5,\ y=-6$

2 (1) $x=2,\ y=4$　(2) $x=3,\ y=-4$
(3) $x=6,\ y=7$　(4) $x=2,\ y=-1$
(5) $x=2,\ y=-3$　(6) $x=6,\ y=-3$
(7) $x=5,\ y=-2$　(8) $x=2,\ y=-5$

解説

1 上の式を①，下の式を②とする。

(1)
$$\begin{array}{lrl} ①\times 3 & 6x+9y= & 51 \\ ②\times 2 & -)\ 6x+8y= & 48 \\ \hline & y= & 3 \end{array}$$
$y=3$ を①に代入すると，$x=4$

(4) ①を②に代入すると，
$(4y-1)-3y=-7$　　$y=-6$
$y=-6$ を①に代入すると，$x=-5$

2 上の式を①，下の式を②とする。

(1) かっこをはずし，整理してから解く。
②より，$-2x+3y=8$　……③
①×3+③ より，$x=2$
$x=2$ を①に代入すると，$y=4$

(4) ①の両辺に 4 をかけて分母をはらうと，
$3x-2y=8$　……③
②×2+③ より，$x=2$
$x=2$ を②に代入すると，$y=-1$

(7) ①の両辺を 10 倍して係数を整数にすると，

$12x+5y=50$ ……③

②×4−③ より，$y=-2$

$y=-2$ を②に代入すると，$x=5$

p.15 予想問題 ❷

1 (1) $x=2,\ y=-3$ (2) $x=-4,\ y=2$

2 (1) $x=10,\ y=-5$ (2) $x=2,\ y=1$

3 (1) $a=5,\ b=4$ (2) $a=4,\ b=3$

4 (1) $x=1,\ y=4,\ z=3$

(2) $x=-4,\ y=3,\ z=-5$

解説

1 連立方程式の係数が全部整数になるように変形してから解く。

(1) $\begin{cases}10x-2y=26\\x-y=5\end{cases}$ (2) $\begin{cases}x-2y=-8\\6x+7y=-10\end{cases}$

2 (1) $\begin{cases}2x+3y=5 & \cdots\cdots①\\-x-3y=5 & \cdots\cdots②\end{cases}$

①＋② より，$x=10$

$x=10$ を①に代入すると，$y=-5$

3 (1) 連立方程式に $x=2,\ y=3$ を代入すると，

$\begin{cases}2a-6=4 & \cdots\cdots①\\2b-3a=-7 & \cdots\cdots②\end{cases}$

①より，$a=5$

$a=5$ を②に代入すると，$b=4$

(2) 連立方程式に $x=2,\ y=-4$ を代入すると，

$\begin{cases}2a+4b=20 & \cdots\cdots①\\4a+2b=22 & \cdots\cdots②\end{cases}$

①−②÷2 より，$b=3$

$b=3$ を①に代入すると，$a=4$

4 上の式から順に，①，②，③とする。

(1) ③を①に代入すると，$4x+y=8$ ……④

③を②に代入すると，$6x+2y=14$ ……⑤

④×2−⑤ より，$x=1$

$x=1$ を③に代入すると，$z=3$

$x=1$ を④に代入すると，$y=4$

(2) ①＋② より，$3x+3y=-3$ ……④

②＋③ より，$3x-2y=-18$ ……⑤

④−⑤ より，$y=3$

$y=3$ を④に代入すると，$x=-4$

$x=-4,\ y=3$ を①に代入すると，$z=-5$

p.17 テスト対策問題

1 (1) ㋐ $100x$ ㋑ $120y$ ㋒ 1100

(2) $\begin{cases}x+y=10\\100x+120y=1100\end{cases}$

パン… 5 個，おにぎり… 5 個

2 (1) ㋐ $\dfrac{x}{50}$ ㋑ $\dfrac{y}{100}$

(2) $\begin{cases}x+y=1000\\\dfrac{x}{50}+\dfrac{y}{100}=14\end{cases}$

歩いた道のり…400 m

走った道のり…600 m

解説

1 (2) 上の式を①，下の式を②とすると，

①×100−② より，$y=5$

$y=5$ を①に代入すると，$x=5$

2 (2) 上の式を①，下の式を②とすると，

①−②×100 より，$x=400$

$x=400$ を①に代入すると，$y=600$

p.18 予想問題 ❶

1 500 円硬貨…10 枚，100 円硬貨…12 枚

2 鉛筆 1 本…80 円，ノート 1 冊…120 円

3 (1) ㋐ $\dfrac{x}{60}$ ㋑ $\dfrac{y}{120}$

(2) $\begin{cases}x+y=1500\\\dfrac{x}{60}+\dfrac{y}{120}=20\end{cases}$

歩いた道のり…900 m

走った道のり…600 m

(3) 歩いた時間を x 分，走った時間を y 分とすると，

$\begin{cases}x+y=20\\60x+120y=1500\end{cases}$

歩いた道のり…900 m

走った道のり…600 m

解説

1 500 円硬貨を x 枚，100 円硬貨を y 枚とすると，

$\begin{cases}x+y=22\\500x+100y=6200\end{cases}$

2 鉛筆 1 本の値段を x 円，ノート 1 冊の値段を y 円とすると，

$\begin{cases}3x+5y=840\\6x+7y=1320\end{cases}$

3 (3) 歩いた時間を x 分，走った時間を y 分とすると，

$$\begin{cases} x+y=20 \\ 60x+120y=1500 \end{cases}$$

この連立方程式を解くと，$x=15$，$y=5$
求めるのは，それぞれの道のりだから，
歩いた道のりは，60×15=900 (m)
走った道のりは，120×5=600 (m) となる。
ミス注意！ 連立方程式の解がそのまま問題の答えにならないときもあるので注意する。

p.19 予想問題 ❷

1 **自転車に乗った道のり…8 km**
歩いた道のり…6 km

2 (1) ㋐ $\frac{7}{100}x$ ㋑ $\frac{4}{100}y$

(2) $\begin{cases} x+y=425 \\ \frac{7}{100}x+\frac{4}{100}y=23 \end{cases}$

昨年の男子の生徒数…200 人
昨年の女子の生徒数…225 人

3 **ケーキ…50 個**
ドーナツ…100 個

解説

1 自転車に乗った道のりを x km，歩いた道のりを y km とすると，

$$\begin{cases} x+y=14 \\ \frac{x}{16}+\frac{y}{4}=2 \end{cases}$$

これを解くと，$x=8$，$y=6$

3 ケーキを x 個，ドーナツを y 個作ったとすると，

$$\begin{cases} x+y=150 \\ \frac{6}{100}x+\frac{10}{100}y=13 \end{cases}$$

これを解くと，$x=50$，$y=100$

p.20～p.21 章末予想問題

1 ㋐

2 (1) $x=-1$，$y=-2$ (2) $x=4$，$y=3$
(3) $x=2$，$y=4$ (4) $x=7$，$y=-5$
(5) $x=-2$，$y=-4$ (6) $x=2$，$y=1$

3 $a=-8$

4 **おとな…1200 円**
中学生…1000 円

5 **A町からB町…8 km**
B町からC町…15 km

6 **6 % の食塩水…200 g**
12 % の食塩水…400 g

解説

1 x，y の値の組を，2 つの式に代入して，どちらも成り立つかどうか調べる。

2 ポイント 係数に分数や小数をふくむ連立方程式は，係数が全部整数になるようにしてから解く。

3 ポイント 比例式の性質
$a:b=m:n$ ならば，$an=bm$
となることを利用する。
$x:y=4:5$ より，
$4y=5x$ ……③
連立方程式の上の式を①，下の式を②とする。
③を①に代入すると，$x=-4$
$x=-4$ を③に代入すると，$y=-5$
$x=-4$，$y=-5$ を②に代入すると，
$-4a-15=17$　$a=-8$

4 おとな 1 人の入園料を x 円，中学生 1 人の入園料を y 円とすると，

$$\begin{cases} x=y+200 \\ 2x+5y=7400 \end{cases}$$

5 A町からB町までの道のりを x km，B町からC町までの道のりを y km とすると，

$$\begin{cases} x+y=23 \\ \frac{x}{4}+\frac{y}{5}=5 \end{cases}$$

これを解くと，$x=8$，$y=15$

6 6 % の食塩水の重さを x g，12 % の食塩水の重さを y g とすると，下の表のようになる。

食塩水の濃さ	6 %	12 %	10 %
食塩水の重さ (g)	x	y	600
食塩水にふくまれる食塩の重さ (g)	$\frac{6}{100}x$	$\frac{12}{100}y$	60

連立方程式をつくると，

$$\begin{cases} x+y=600 & \cdots\cdots① \\ \frac{6}{100}x+\frac{12}{100}y=60 & \cdots\cdots② \end{cases}$$

②×100－①×6 より，$y=400$
$y=400$ を①に代入すると，
$x=200$

3章　関数を利用して問題を解決しよう

p.23 テスト対策問題

1 (1) 変化の割合…3　　y の増加量…9
(2) 変化の割合…-1　　y の増加量…-3
(3) 変化の割合…$\frac{1}{2}$　　y の増加量…$\frac{3}{2}$
(4) 変化の割合…$-\frac{1}{3}$　　y の増加量…-1

2 (1) ㋐ 傾き…4　　切片…-2
㋑ 傾き…-3　　切片…1
㋒ 傾き…$-\frac{2}{3}$　　切片…-2
㋓ 傾き…4　　切片…3
(2) ㋑，㋒　　(3) ㋐と㋓

3 (1) $y=-2x+2$　　(2) $y=-x+4$
(3) $y=2x+3$

解説

1 1次関数 $y=ax+b$ では，変化の割合は一定で，a に等しい。また，
(y の増加量)$=a\times$(x の増加量)

2 (1) 1次関数 $y=ax+b$ のグラフは，傾きが a，切片が b の直線である。
(2) 右下がり → 傾きが負 ($a<0$)
(3) 平行な直線 → 傾きが等しい

3 (1) $y=-2x+b$ となる。
$x=-1$ のとき $y=4$ だから，
$4=-2\times(-1)+b$　　$b=2$
(2) 切片が4だから，$y=ax+4$ となる。
$x=3$，$y=1$ を代入すると，
$1=a\times3+4$　　$a=-1$
(3) 2点 (1，5)，(3，9) を通るから，グラフの傾きは，
$\frac{9-5}{3-1}=\frac{4}{2}=2$
したがって，$y=2x+b$
これに，$x=1$，$y=5$ を代入すると，
$5=2\times1+b$　　$b=3$
別解　$y=ax+b$ が2点 (1，5)，(3，9) を通るので，
$\begin{cases}5=a+b\\9=3a+b\end{cases}$
これを解いて，$a=2$，$b=3$

p.24 予想問題 ❶

1 (1) 4 L　　(2) $y=4x+2$

2 (1) 変化の割合…6　　y の増加量…24
(2) 変化の割合…$\frac{1}{4}$　　y の増加量…1

3 (1) 傾き…5　　切片…-4
(2) 傾き…-2　　切片…0

4 (1) 右の図
(2) ㋐ $-7<y\leqq8$
㋑ $-1\leqq y<9$
㋒ $-\frac{1}{3}<y\leqq3$

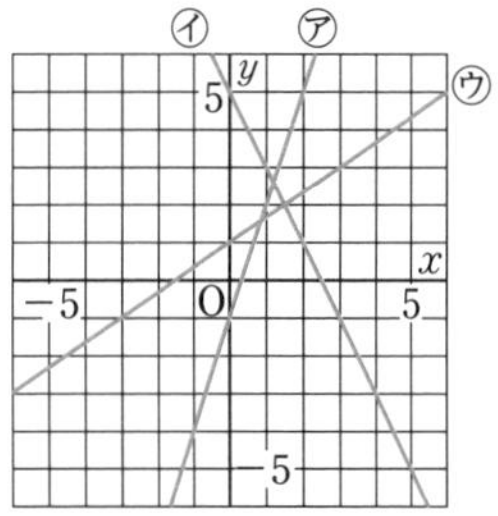

解説

2 (1) (y の増加量)$=6\times(6-2)=24$

3 (2) $y=-2x+0$ と考えると，切片は0になる。

4 (1) ポイント　1次関数 $y=ax+b$ のグラフをかくには，切片 b から，点 (0，b) をとる。
傾き a から，(1，$b+a$) などの2点をとって，その2点を通る直線をひく。
ただし，a，b が分数の場合には，x 座標，y 座標が整数となる2点を見つけて，その2点を通る直線をひくとよい。
(2) y の変域を求めるためには，x の変域の両端の値 $x=-2$，$x=3$ に対応する y の値を求め，それらを y の変域の両端の値とする。
ミス注意！　不等号 $<$，$\leqq$ の区別に注意する。

p.25 予想問題 ❷

1 (1) ㋐，㋒，㋓，㋕　　(2) ㋑
(3) ㋐と㋒　　(4) ㋐と㋕

2 (1) $y=-\frac{1}{3}x-3$　　(2) $y=-\frac{5}{4}x+1$
(3) $y=\frac{3}{2}x-2$

3 (1) $y=2x+1$　　(2) $y=3x-1$
(3) $y=\frac{2}{3}x+1$

解説

1 (1) 右上がりの直線 → 傾きが正
(2) $(-3，2)$ を通る → $x=-3$ のとき $y=2$
(3) 平行な直線 → 傾きが等しい
(4) y 軸上で交わる → 切片が等しい

2 どのグラフも切片はます目の交点上にあるので，ます目の交点にある点をもう１つ見つけ，傾きを考えていく。

3 (1)　$y=2x+b$ という式になる。$x=1$ のとき $y=3$ だから，

$3=2\times1+b$　　$b=1$

(2)　切片が -1 だから，$y=ax-1$ という式になる。$x=1$，$y=2$ を代入すると，

$2=a\times1-1$　　$a=3$

(3)　２点 $(-3,\ -1)$，$(6,\ 5)$ を通るから傾きは，

$$\frac{5-(-1)}{6-(-3)}=\frac{6}{9}=\frac{2}{3}$$

したがって，$y=\frac{2}{3}x+b$

$x=-3$，$y=-1$ を代入すると，

$-1=\frac{2}{3}\times(-3)+b$　　$b=1$

別解　$y=ax+b$ が２点 $(-3,\ -1)$，$(6,\ 5)$ を通るので，

$$\begin{cases}-1=-3a+b\\5=6a+b\end{cases}$$

これを解いて，$a=\frac{2}{3}$，$b=1$

p.27　テスト対策問題

1

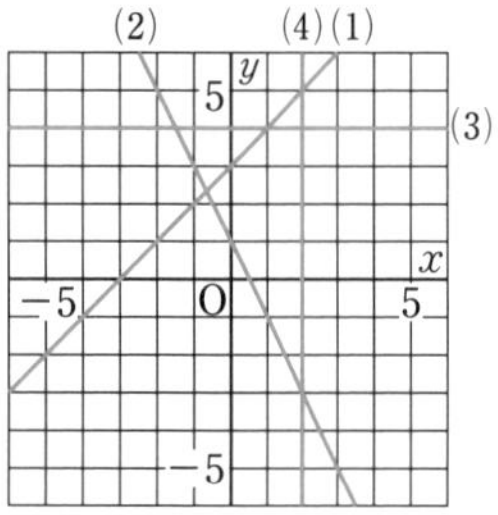

2 **グラフは右の図**

解は，

$x=2$，$y=4$

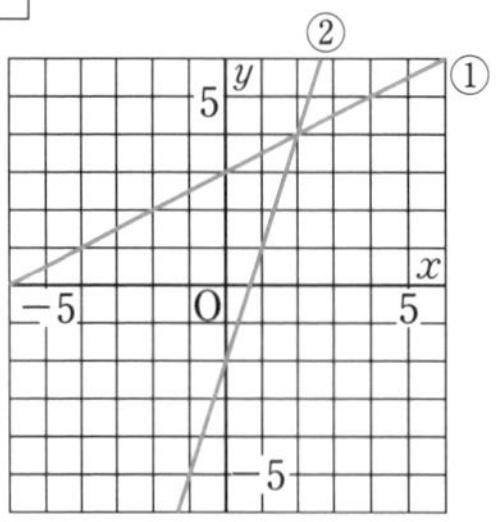

3 (1) ①　$y=-x-2$　　②　$y=2x-3$

(2)　$\left(\frac{1}{3},\ -\frac{7}{3}\right)$

解説

1　$ax+by=c$ を y について解き，

$$y=-\frac{a}{b}x+\frac{c}{b}$$

という形にしてから，直線をひくとよい。

また，$y=m$ のグラフは，点 $(0,\ m)$ を通り，x 軸に平行な直線となる。

また，$x=n$ のグラフは，点 $(n,\ 0)$ を通り，y 軸に平行な直線となる。

2

$$\begin{cases}x-2y=-6\rightarrow y=\frac{1}{2}x+3\\3x-y=2\rightarrow y=3x-2\end{cases}$$

２つのグラフの交点の座標を読みとる。

3　グラフの交点の座標を読みとることはできないので，①と②の式を連立方程式と見て，それを解くことによって交点の座標を求める。

p.28　予想問題 ❶

1

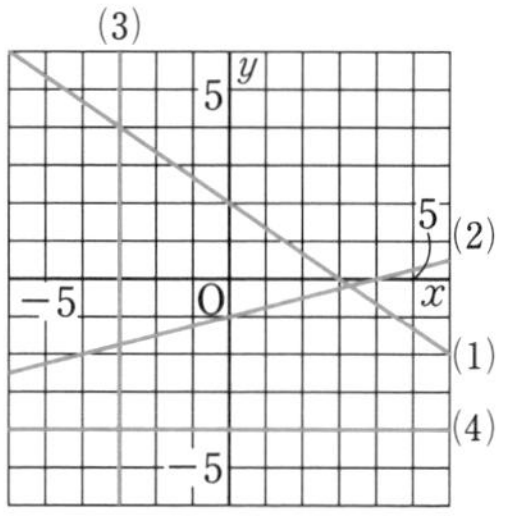

2 (1)　㋐　　(2)　㋒　　(3)　㋑

3 **グラフは右の図**

解は

$x=-3$，$y=-4$

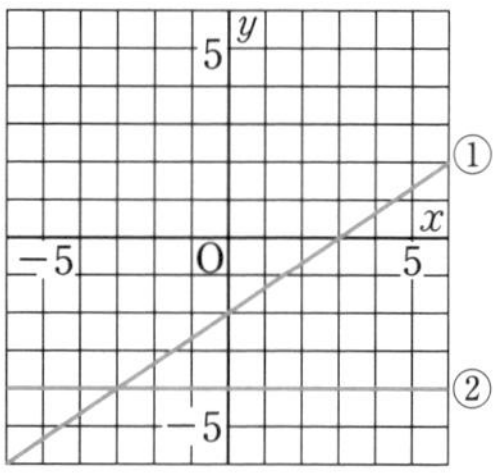

解説

2　上の式を①，下の式を②とする。

(1)　①より，$y=-3x+7$

②より，$y=-3x-1$

傾きが等しく，切片が異なるので，グラフは平行となり，交点がない。

(2)　①＋②×3 より，$x=3$

$x=3$ を②に代入すると，$y=1$

２つのグラフの交点は，$(3,\ 1)$

(3)　①より，$y=2x-1$

②より，$y=2x-1$

２つのグラフは，重なって一致するので，解は無数にある。

p.29 予想問題 ❷

1 (1) **分速 400 m**　(2) **分速 100 m**

(3)

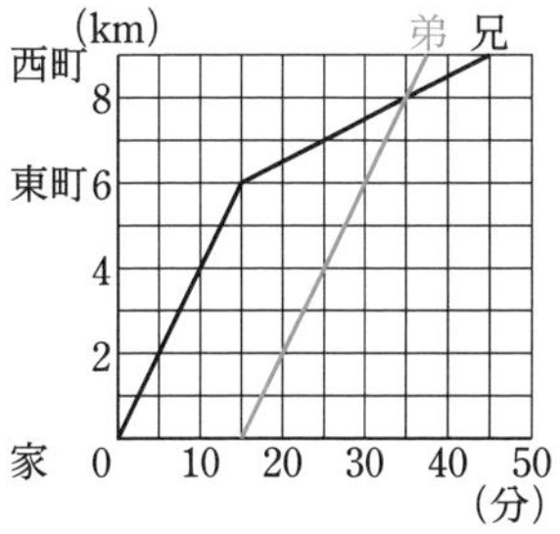

追いつく時刻…午前 9 時 35 分

2 (1) $\boldsymbol{y=2x}$　(2) $\boldsymbol{y=10}$

(3) $\boldsymbol{y=-2x+28}$

(4)

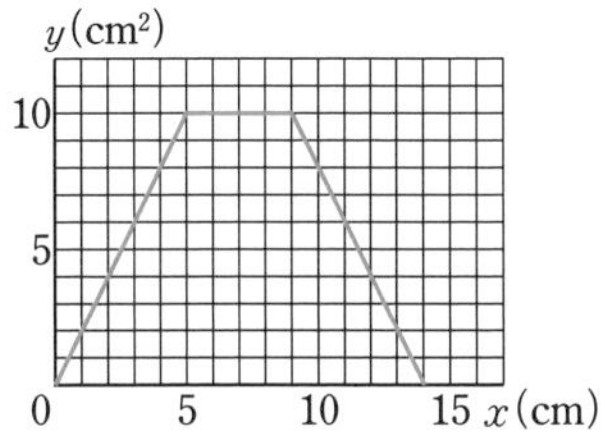

解説

1 (1) グラフから，10 分間に 4 km (4000 m) 進んでいるから，1 分間に進む道のりは，

$4000\div10=400$ (m)

(2) グラフから，10 分間に 1 km (1000 m) 進んでいるから，1 分間に進む道のりは，

$1000\div10=100$ (m)

(3) 分速 400 m だから，10 分間に 4000 m すなわち 4 km 進む。このようすを表すグラフを図にかき入れ，グラフの交点を読みとって，弟が兄に追いつく時刻を求めればよい。

2 (1) $y=\frac{1}{2}\times4\times x$　$\leftarrow\frac{1}{2}\times AB\times BP$

$y=2x$

(2) $y=\frac{1}{2}\times4\times5$　$\leftarrow\frac{1}{2}\times AB\times AD$

$y=10$

(3) $y=\frac{1}{2}\times4\times(14-x)$　$\leftarrow\frac{1}{2}\times AB\times AP$

$y=-2x+28$

(4) xの変域に注意してグラフをかく。

$0\leqq x\leqq5$ のとき　$y=2x$

$5\leqq x\leqq9$ のとき　$y=10$

$9\leqq x\leqq14$ のとき　$y=-2x+28$

p.30～p.31 章末予想問題

1 ㋑，㋒

2 (1) **傾き…−2**　**切片…2**

(2) $\boldsymbol{-\frac{3}{2}\leqq x\leqq\frac{7}{2}}$

3 (1) $\boldsymbol{y=-\frac{1}{2}x-1}$　(2) $\boldsymbol{y=-3x+4}$

(3) $\boldsymbol{y=\frac{4}{3}x-4}$

4 (1) **(1，3)**　(2) **(10，−6)**

5 (1) $\boldsymbol{y=6x+22}$　(2) **12 分後**

6 (1) $\boldsymbol{y=-12x+72}$　(2) **6 km**

解説

1 比例 $y=ax$ は，1 次関数 $y=ax+b$ で $b=0$ の特別な場合である。

2 (2) グラフを読みとることはできないので，計算で求める。

$y=-5$ のとき，$-5=-2x+2$　$x=\frac{7}{2}$

$y=5$ のとき，$5=-2x+2$　$x=-\frac{3}{2}$

4 (1) 直線 ℓ は，切片が 2 で，点 $(-2,\ 0)$ を通るから，$y=x+2$

これに $x=1$ を代入すると，A は (1，3)

(2) 直線 m は，2 点 (1，3)，(4，0) を通るから，$y=-x+4$　……①

直線 n は，2 点 (−2，0)，(0，−1) を通るから，$y=-\frac{1}{2}x-1$　……②

①，②を連立方程式として解くと，B は (10，−6)

5 (1) 2 点 (0，22)，(4，46) を通る直線の式を求める。切片は 22，傾きは，

$\frac{46-22}{4-0}=\frac{24}{4}=6$

したがって，$y=6x+22$

(2) (1)の式に $y=94$ を代入すると，$x=12$

6 (1) 変化の割合は −12 で，$x=6$ のとき $y=0$ だから，$y=-12x+72$　……①

(2) 妹のようすは，右の直線 AB で，$y=4x-16$……②

①，②を連立方程式として解く。

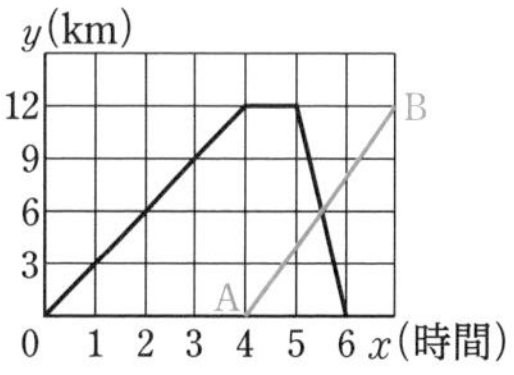

4章　図形の性質の調べ方を考えよう

p.33　テスト対策問題

1 (1)　**2本**　(2)　**3個**　(3)　**540°**

2 (1)　**900°**　(2)　**135°**　(3)　**360°**　(4)　**30°**

3 (1)　$\angle d$　(2)　$\angle c$　(3)　$\angle e$

(4)　$\angle a=115°$　$\angle b=65°$　$\angle c=65°$

$\angle d=115°$　$\angle e=65°$　$\angle f=115°$

解説

2 (1)　七角形の内角の和は，$180°\times(7-2)=900°$

(2)　正八角形の内角の和は，

$180°\times(8-2)=1080°$

正八角形の内角は，すべて等しいので，

$1080°\div 8=135°$

(3)　多角形の外角の和は 360°

(4)　正十二角形の外角はすべて等しいので，

$360°\div 12=30°$

3 (4)　対頂角は等しいから，$\angle a=115°$

$\angle b=180°-115°=65°$

$\ell /\!/ m$ より，

$\angle c=\angle b=65°$

$\angle d=\angle a=115°$

対頂角は等しいから，

$\angle e=\angle c=65°$，$\angle f=\angle d=115°$

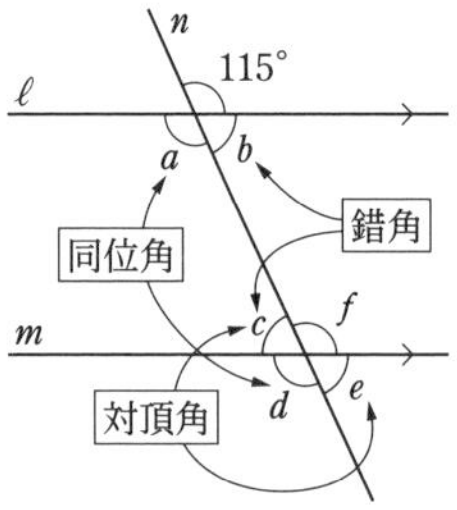

p.34　予想問題 ❶

1 (1)　**180°**　(2)　**1080°**　(3)　**360°**

2 (1)　**1080°**　(2)　**十角形**　(3)　**正八角形**

3 (1)　**110°**　(2)　**95°**　(3)　**70°**

解説

1 (3)　$1080°-180°\times(6-2)=360°$

2 (2)　求める多角形を n 角形とすると，

$180°\times(n-2)=1440°$　　$n=10$

(3)　1つの外角が 45° である正多角形は，

$360°\div 45°=8$ より，正八角形。

3 (1)　四角形の外角の和は 360° だから，

$\angle x=360°-(115°+70°+65°)=110°$

(2)　四角形の内角の和は 360° だから，

$\angle x=360°-(70°+86°+109°)=95°$

(3)　五角形の内角の和は 540° だから，

$540°-(110°+100°+130°+90°)=110°$

$\angle x=180°-110°=70°$

p.35　予想問題 ❷

1 (1)　$\angle c$

(2)　$\angle a=40°$　$\angle b=80°$

$\angle c=40°$　$\angle d=60°$

2 (1)　**$\angle a$ の同位角…$\angle c$**

$\angle a$ の錯角…$\angle e$

(2)　$\angle b=60°$　$\angle c=120°$

$\angle d=60°$　$\angle e=120°$

3 (1)　$a /\!/ d$，$b /\!/ c$

(2)　**$\angle x$ と $\angle v$，$\angle y$ と $\angle z$**

4 (1)　**35°**　(2)　**105°**　(3)　**70°**

解説

1 (2)　$\angle a=180°-(80°+60°)=40°$

対頂角は等しいから，

$\angle b=80°$　$\angle c=40°$　$\angle d=60°$

2 (2)　$\ell /\!/ m$ より，同位角，錯角が等しいから，

$\angle c=\angle a=120°$　$\angle e=\angle a=120°$

$\angle b=\angle d=180°-120°=60°$

3 平行線の同位角や錯角の性質を使う。

4 (1)　55° の同位角を三角形の外角とみると，

$\angle x=55°-20°=35°$

(2)　$\angle x$ を三角形の外角とみると，

$\angle x=55°+50°$

$=105°$

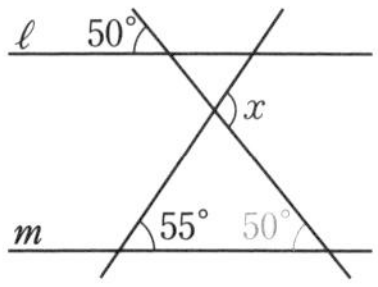

(3)　右の図のように，$\angle x$ の頂点を通り，ℓ，m に平行な直線をひくと，

$\angle x=40°+30°=70°$

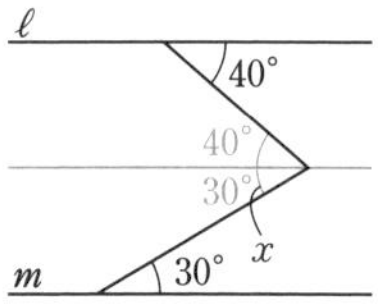

p.37　テスト対策問題

1 (1)　**四角形 ABCD≡四角形 GHEF**

(2)　**CD=4 cm**　**EH=5 cm**

(3)　$\angle \mathrm{C}=70°$　$\angle \mathrm{G}=120°$

(4)　**対角線 AC に対応する対角線…**

対角線 GE

対角線 FH に対応する対角線…

対角線 DB

2 AC=DF　**3組の辺がそれぞれ等しい。**

∠B=∠E　**2組の辺とその間の角がそれぞれ等しい。**

3 (1)　**仮定…△ABC≡△DEF**

結論…∠A=∠D

(2) 仮定…xが 4 の倍数
結論…xは偶数
(3) 仮定…ある三角形が正三角形
結論…3 つの辺の長さは等しい

解説

1 (2) 対応する線分の長さは等しいから,
CD＝EF＝4 cm, EH＝CB＝5 cm
(3) $\angle G=360°-(70°+90°+80°)=120°$

2 三角形の合同条件にあてはめて考える。

3 (3) 「ならば」を使った文に書きかえて,
「ある三角形が正三角形　ならば　3 つの辺の長さは等しい。」で考える。

p.38 予想問題 ❶

1 △ABC≡△STU
1 組の辺とその両端の角がそれぞれ等しい。
△GHI≡△ONM
2 組の辺とその間の角がそれぞれ等しい。
△JKL≡△RPQ
3 組の辺がそれぞれ等しい。

2 (1) △AMD≡△BMC
1 組の辺とその両端の角がそれぞれ等しい。
(2) △ABD≡△CDB
2 組の辺とその間の角がそれぞれ等しい。
(3) △AED≡△FEC
1 組の辺とその両端の角がそれぞれ等しい。

解説

1 **2** 三角形の合同条件は，とても重要なので，正しく理解しておこう。

p.39 予想問題 ❷

1 (1) 仮定…AB＝CD, AB∥CD
結論…AD＝CB
(2) ① CD　② DB　③ ∠CDB
④ △CDB　⑤ CB
(3) (ア) 平行線の錯角は等しい。
(イ) 2 組の辺とその間の角がそれぞれ等しい 2 つの三角形は合同である。
(ウ) 合同な図形の対応する辺は等しい。

2 △ABE と △ACD において,
仮定から,
AB＝AC ……①
AE＝AD ……②
また, ∠A は共通 ……③
①, ②, ③より, 2 組の辺とその間の角がそれぞれ等しいから,
△ABE≡△ACD
合同な図形の対応する角は等しいから,
∠ABE＝∠ACD

解説

1 AD＝CB を証明するには, AD と CB を辺にもつ 2 つの三角形の合同を示せばよい。

p.40～p.41 章末予想問題

1 (1) $\angle a$, $\angle m$　(2) $\angle d$, $\angle p$
(3) 180°　(4) $\angle e$, $\angle m$, $\angle o$

2 (1) 39°　(2) 70°　(3) 105°
(4) 60°　(5) 60°　(6) 30°

3 (1) 40°　(2) 十二角形

4 (1) △ADE　(2) AE　(3) DE
(ア) 1 組の辺とその両端の角がそれぞれ等しい
(イ) 合同な図形の対応する辺は等しい

5 △ABC と △DCB において,
仮定から,
AC＝DB ……①
∠ACB＝∠DBC ……②
また, BC は共通 ……③
①, ②, ③より, 2 組の辺とその間の角がそれぞれ等しいから,
△ABC≡△DCB
合同な図形の対応する辺は等しいから,
AB＝DC

解説

1 (4) $\angle c=\angle i$ より, ③∥④ となる。

2 (5) 右の図のように, $\angle x$, 45° の角の頂点を通り, ℓ, m に平行な 2 つの直線をひくと,

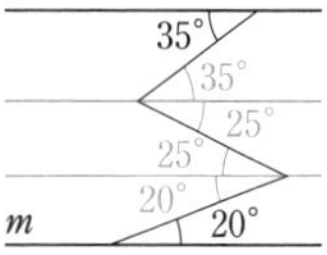

$\angle x=(45°-20°)+35°=60°$

(6) 右の図のように, 三角形を 2 つつくると,

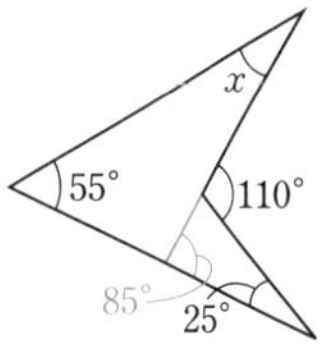

$\angle x+55°=110°-25°$
$\angle x+55°=85°$
$\angle x=30°$

3 (1) $360°\div 9=40°$
(2) $180°\times(n-2)=1800°$ として解く。

5章　図形の性質を見つけて証明しよう

p.43　テスト対策問題

1 (1) 50°　(2) 55°　(3) 20°

2 ㋐ ACE　㋑ AC　㋒ CE
㋓ ACE　㋔ 2組の辺とその間の角
㋕ ACE

3 △ABC≡△KJL
直角三角形の斜辺と他の1辺がそれぞれ等しい。
△GHI≡△OMN
直角三角形の斜辺と1つの鋭角がそれぞれ等しい。

解説

1 (1) 二等辺三角形の底角は等しいので，
∠x=180°−65°×2=50°
(3) 二等辺三角形の頂角の二等分線は，底辺を垂直に2等分するので，∠ADB=90°
したがって，∠x=180°−(90°+70°)=20°

p.44　予想問題 ❶

1 (1) 70°　(2) 90°

2 (1) ∠x=90°，∠y=100°　(2) 3 cm

3 二等辺三角形ABCの底角は等しいから，
∠ABC=∠ACB　……①
仮定から，∠PBC=$\frac{1}{2}$∠ABC　……②
∠PCB=$\frac{1}{2}$∠ACB　……③
①，②，③より，∠PBC=∠PCB
2つの角が等しいから，△PBCは二等辺三角形である。

4 AD∥BC より錯角が等しいから，
∠FDB=∠CBD　……①
また，折り返した角であるから，
∠FBD=∠CBD　……②
①，②より，∠FDB=∠FBD
したがって，2つの角が等しいから，△FBDは二等辺三角形である。

解説

1 (1) 二等辺三角形DBCの底角は等しいから，
∠Dの外角について，∠ADB=35°×2=70°
(2) 二等辺三角形DABの底角は等しいから，
∠DBA=(180°−70°)÷2=55°
よって，∠ABC=55°+35°=90°

2 △ABCは，∠Bを頂角とする二等辺三角形である。

p.45　予想問題 ❷

1 (1) $a+b=7$ ならば $a=4$，$b=3$ である。
正しくない。
反例…$a=1$，$b=6$
(2) 2直線に1つの直線が交わるとき，同位角が等しければ，2直線は平行である。
正しい。
(3) 2つの角が等しい三角形は，二等辺三角形である。
正しい。

2 (1) △ABDと△ACE (△CBDと△BCE)
(2) △BCEと△CBD (△ACEと△ABD)
斜辺と1つの鋭角がそれぞれ等しい。

3 △POCと△PODにおいて，
仮定から，
∠PCO=∠PDO=90°　……①
∠POC=∠POD　……②
また，POは共通　……③
①，②，③より，直角三角形の斜辺と1つの鋭角がそれぞれ等しいから，
△POC≡△POD
合同な図形の対応する辺は等しいから，
PC=PD

解説

1 (1) $a=1$，$b=6$ のときも，$a+b=7$ になるから，逆は正しくない。

p.47　テスト対策問題

1 ㋐ 中点　㋑ OC　㋒ ∠COF
㋓ 錯角　㋔ ∠FCO
㋕ 1組の辺とその両端の角がそれぞれ等しい

2 ㋐ 中点　㋑ OC　㋒ OD
㋓ OF　㋔ 対角線　㋕ 中点

3 (1) △DEC，△ABE　(2) 80 cm^2

解説

1 平行四辺形の性質3つを覚えておく。

2 平行四辺形になるための条件は，5つある。

3 (1) 底辺が共通な三角形だけでなく，底辺が等しい三角形も忘れないようにする。

p.48 予想問題 ❶

1 (1) 64° (2) 8 cm

2 ㋐ △CDF ㋑ 90° ㋒ CD
㋓ ∠CDF ㋔ 斜辺と1つの鋭角
㋕ CF ㋖ CF
㋗ 1組の対辺が平行でその長さが

3 ㋐ いえる。 ㋑ いえない。

解説

3 ポイント 条件をもとに図をかいてみる。

(ア) ∠A の外角は 112° で錯角が等しいから，
AD∥BC
したがって，1組の対辺が平行でその長さが等しい。

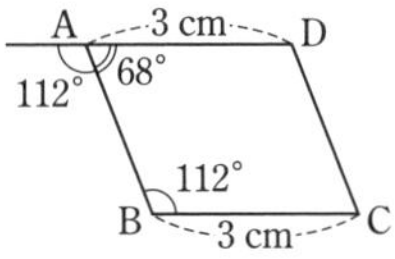

(イ) 右の図のように，平行四辺形にならない。平行四辺形ならば，対角線はそれぞれの中点で交わる。

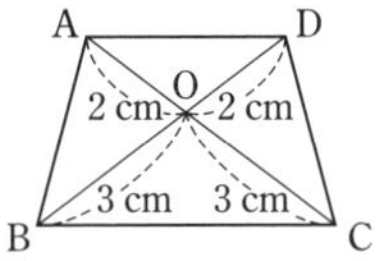

p.49 予想問題 ❷

1 ① ㋓，㋕ ② ㋑，㋒
③ ㋑，㋒ ④ ㋓，㋕

2 (1) △ABO と △ADO において，
平行四辺形の対角線は，それぞれの中点で交わるから，BO=DO ……①
AO は共通 ……②
仮定から，
∠AOB=∠AOD=90° ……③
①，②，③より，2組の辺とその間の角がそれぞれ等しいから，
△ABO≡△ADO

(2) (1)より，AB=AD ……①
平行四辺形の対辺は等しいから，
AB=CD，AD=BC ……②
①，②より，AB=BC=CD=DA
したがって，▱ABCD は4つの辺がすべて等しいから，ひし形である。

3

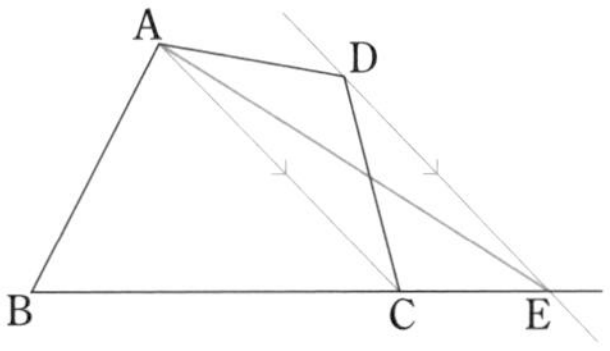

㋐ △ACD ㋑ △ACE ㋒ △ACE

解説

2 (2) ひし形は，4つの辺がすべて等しい特別な平行四辺形である。平行四辺形のとなり合う辺が等しいことを示せばよい。

p.50～p.51 章末予想問題

1 (1) $\angle x=80°$ $\angle y=25°$
(2) $\angle x=40°$ $\angle y=100°$
(3) $\angle x=30°$ $\angle y=105°$

2 △EBC と △DCB において，
仮定から，BE=CD ……①
△ABC の底角は等しいから，
∠EBC=∠DCB ……②
BC は共通 ……③
①，②，③より，2組の辺とその間の角がそれぞれ等しいから，
△EBC≡△DCB
合同な図形の対応する角は等しいから，
∠FCB=∠FBC
したがって，2つの角が等しいから，
△FBC は二等辺三角形である。

3 (1) △ABD≡△EBD
直角三角形の斜辺と1つの鋭角がそれぞれ等しい。
(2) 線分 DA，線分 CE

4 四角形 ABCD は平行四辺形だから，
AD∥BC より，AQ∥PC ……①
∠BAD=∠DCB ……②
①より，∠PAQ=∠APB ……③
また，②と AP，CQ がそれぞれ ∠BAD，∠BCD の二等分線であることから，
∠PAQ=∠PCQ ……④
③，④より，
∠APB=∠PCQ ……⑤
同位角が等しいから，AP∥QC ……⑥
①，⑥より，2組の対辺がそれぞれ平行だから，四角形 APCQ は平行四辺形である。

5 ひし形

6 △AEC，△AFC，△DFC

解説

3 (2) △DEC も直角二等辺三角形になる。

5 △APS≡△BPQ≡△CRQ≡△DRS より，
PS=PQ=RQ=RS となる。

6章　起こりやすさをとらえて説明しよう

p.53　テスト対策問題

1 いえる

2 (1) **6通り**　(2) **いえる**　(3) **3通り**

(4) $\frac{1}{2}$　(5) $\frac{1}{3}$　(6) $\frac{2}{3}$

3 (1) $\frac{1}{4}$　(2) $\frac{1}{2}$

解説

1 赤いマークのカードと黒いマークのカードの枚数は等しいので，㋐と㋑のことがらの起こりやすさは同じといえる。

2 (1)　1から6までの6通りある。

(3)　2，4，6の3通り。

(5)　3，6の2通り。よって，$\frac{2}{6}=\frac{1}{3}$

(6)　出た目の数が6の約数である場合は，1，2，3，6の4通り。よって，$\frac{4}{6}=\frac{2}{3}$

3 100円硬貨と10円硬貨の表と裏の出方を樹形図にすると，全部で次の4通りになる。

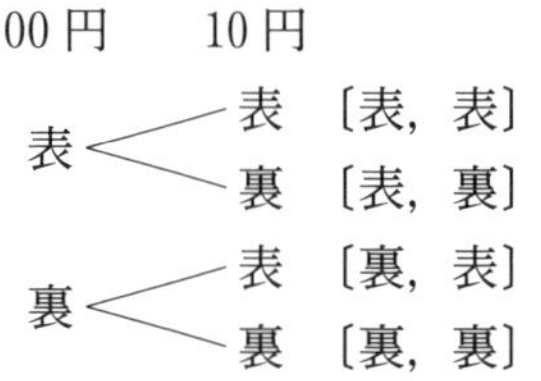

(2)　表が出た硬貨の金額の合計が100円以上になる場合は，〔表，表〕→110円，〔表，裏〕→100円の2通りなので，$\frac{2}{4}=\frac{1}{2}$

p.54　予想問題 ❶

1 ㋑，㋒

2 (1) **20通り，いえる**

(2) $\frac{1}{2}$　(3) $\frac{1}{4}$　(4) $\frac{3}{10}$

3 (1) $\frac{1}{4}$　(2) $\frac{1}{13}$　(3) $\frac{3}{13}$　(4) 0

解説

1 何回投げても，1つの目の出る確率はすべて$\frac{1}{6}$なので，㋐と㋓は正しくない。

2 (4)　20の約数となるのは，1，2，4，5，10，20のカードをひいたときである。

3 (4)　18のカードはない。したがって，求める確率は，$\frac{0}{52}=0$

p.55　予想問題 ❷

1 (1) $\frac{5}{12}$　(2) $\frac{3}{4}$　(3) 1

2 (1)　A　B　C　A　B　C　A　B　C

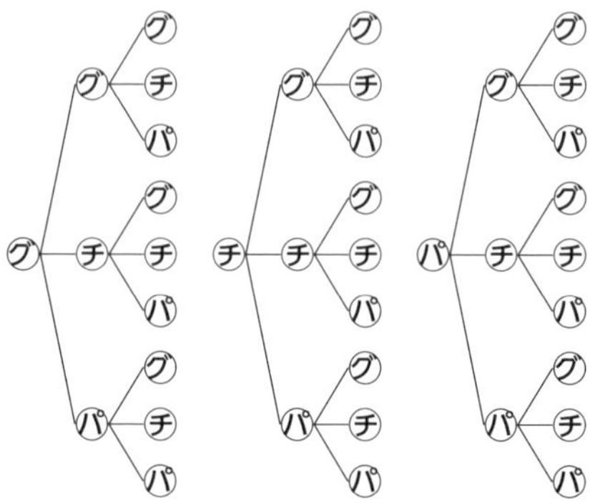

(2) $\frac{1}{9}$　(3) $\frac{1}{3}$

3 (1) $\frac{1}{3}$　(2) $\frac{5}{12}$

解説

3 (1)　樹形図をかくと，できる整数は全部で12通り。3の倍数になるのは，24，42，48，84の4通り。よって，$\frac{4}{12}=\frac{1}{3}$

(2)　64以上になるのは，64，68，82，84，86の5通り。よって，$\frac{5}{12}$

p.57　テスト対策問題

1 (1) **10通り**

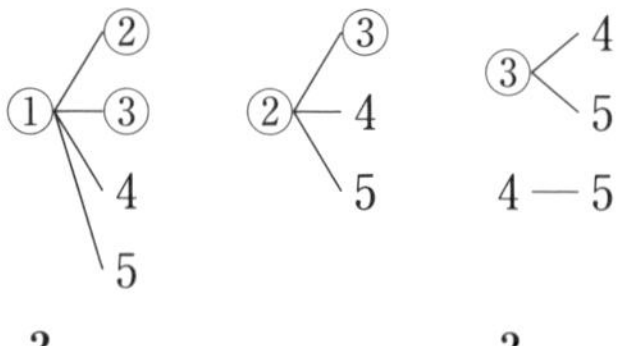

(2) $\frac{3}{10}$　(3) $\frac{3}{5}$

2 (1) **右の表**

(2) $\frac{5}{36}$

(3) $\frac{1}{4}$

A＼B	1	2	3	4	5	6
1	2	3	4	5	6	7
2	3	4	5	6	7	8
3	4	5	6	7	8	9
4	5	6	7	8	9	10
5	6	7	8	9	10	11
6	7	8	9	10	11	12

3 (1) **出る確率…$\frac{1}{2}$**　**出ない確率…$\frac{1}{2}$**

(2) **出る確率…$\frac{2}{3$}**　**出ない確率…$\frac{1}{3}$**

解説

1 **ポイント** 順番の関係ない選び方であることに注意する。解答のように枝分かれが減っていくような樹形図になる。

(2) 2個とも赤球であるのは，①—②，①—③，②—③の3通り。

(3) 赤球と白球が1個ずつであるのは，①—4，①—5，②—4，②—5，③—4，③—5の6通り。

3 (1) $\left(\begin{array}{c}偶数の目が\\出ない確率\end{array}\right)=1-\left(\begin{array}{c}偶数の目が\\出る確率\end{array}\right)$

$=1-\frac{1}{2}=\frac{1}{2}$

p.58 予想問題 ❶

1 (1) **15通り**

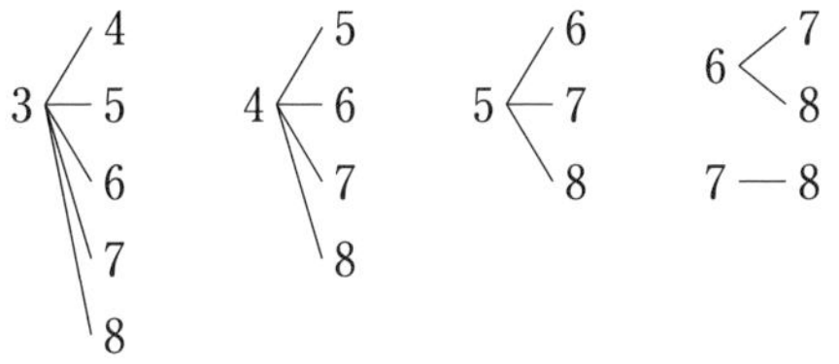

(2) **$\frac{2}{15}$**　(3) **$\frac{3}{5}$**

2 **$\frac{2}{5}$**

3 (1) **$\frac{1}{6}$**　(2) **$\frac{1}{9}$**　(3) **$\frac{1}{12}$**　(4) **$\frac{1}{4}$**

解説

1 (2) 和が10になるのは，3—7，4—6の2通り。

(3) 1枚は偶数，1枚は奇数であるのは，3—4，3—6，3—8，4—5，4—7，5—6，5—8，6—7，7—8の9通り。

p.59 予想問題 ❷

1 (1) **A B C　A B C**

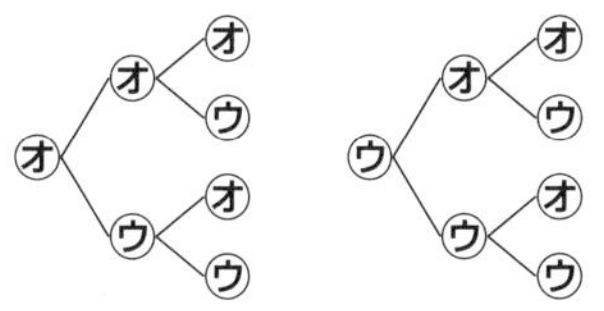

(2) **$\frac{1}{8}$**　(3) **$\frac{7}{8}$**

2 **$\frac{3}{4}$**

3 (1) **20通り　A B　A B　A B**

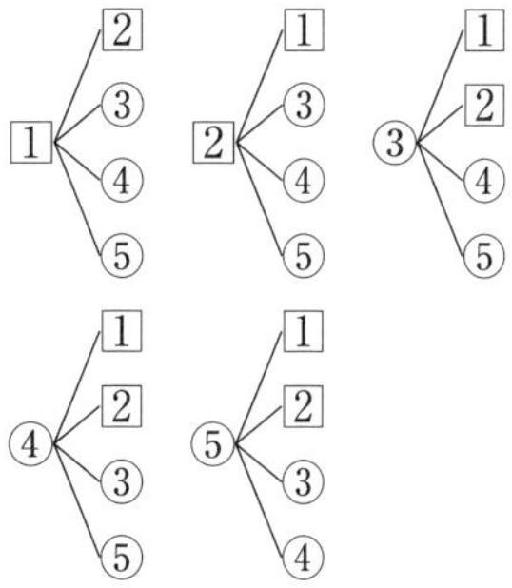

(2) ① **$\frac{2}{5}$**　② **$\frac{2}{5}$**　(3) **同じ**

解説

1 (3) $1-\frac{1}{8}=\frac{7}{8}$

p.60〜p.61 章末予想問題

1 **㋑**

2 **いえない**

3 (1) **20通り**　(2) **$\frac{2}{5}$**　(3) **$\frac{1}{5}$**

4 (1) **$\frac{1}{18}$**　(2) **$\frac{7}{18}$**

5 **$\frac{1}{6}$**

6 (1) **B**　(2) **$\frac{1}{3}$**

解説

3 (2) 偶数は一の位が4または6のときだから，34，36，46，54，56，64，74，76の8通り。

4 右のような表をつくる。

(1) ○をつけた2通り。

(2) △をつけた14通り。

a＼b	1	2	3	4	5	6
1	△					
2	△	△				
3	△		△			
4	△	△		△	○	
5	△			○	△	
6	△	△	△			△

5 ペアの組み合わせは，〔A，D〕，〔A，E〕，〔B，D〕，〔B，E〕，〔C，D〕，〔C，E〕の6通り。

6 (2) 2つのさいころの和が3，6，9，12になるときの確率を求める。

7章　データを比較して判断しよう

p.63　テスト対策問題

1 (1)　**第1四分位数…10分**
第2四分位数…14分
第3四分位数…18分

(2)　**8分**

(3)

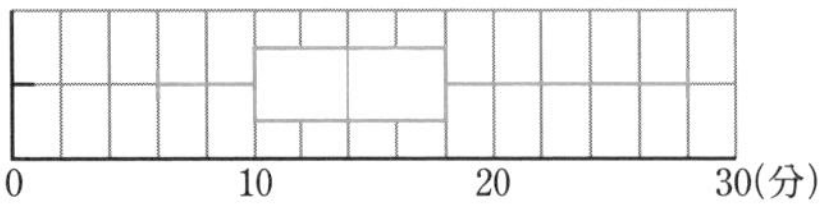

2　㋐　×　　㋑　△　　㋒　○　　㋓　○

解説

1 (1)　データの個数が14で偶数個なので，第2四分位数(中央値)は，7番目と8番目の平均値となる。
(13＋15)÷2＝14(分)
第1四分位数は，前半の7個の中央値なので，4番目の値の10分。
第3四分位数は，後半の7個の中央値なので，後ろから4番目(前から11番目)の値の18分。

(2)　(四分位範囲)＝(第3四分位数)－(第1四分位数)なので，18－10＝8(分)

(3)　第1四分位数から第3四分位数までが箱の部分となる。最小値から第1四分位数までと，第3四分位数から最大値までが，両端のひげの部分となる。

2
・データの範囲は，1組が 50－5＝45(点)，2組が 45－15＝30(点) なので，等しくない。よって，㋐は正しくない。
ミス注意!　範囲と四分位範囲のちがいに気をつける。
・平均点は，この箱ひげ図からはわからない。よって，㋑はこの図からはわからない。
ミス注意!　平均値と中央値のちがいに気をつける。
・データの個数はどちらの組も27個なので，第1四分位数は7番目の値である。1組は第1四分位数の値が15点，2組は最小値が15点なので，どちらの組にも，得点が15点の生徒がいる。よって，㋒は正しい。
・40点が，1組と2組の箱ひげ図のどこにかかっているかをそれぞれ調べる。
1組の第3四分位数は35点なので，得点が高いほうから7番目の生徒は35点となる。40点は第3四分位数より大きいので，40点以上の生徒の人数は，多くても6人となる。
2組の第3四分位数は40点なので，40点以上の生徒の人数は少なくとも7人いることがわかる。40点以上の生徒は，2組のほうが多いことがいえるので，㋓は正しい。

p.64　章末予想問題

1 (1)　㋑　(2)　㋐　(3)　㋒

2　㋒

解説

1 (1)　ヒストグラムの山の形は右寄りなので，箱が右に寄っている㋑があてはまる。

(2)　ヒストグラムの山の形は，左右対称で，中央付近の山が高く(データの個数が多く)，両端にいくほど山が低い(データの個数が少ない)。そのため，箱が中央にあり，箱の大きさが小さい㋐があてはまる。

(3)　ヒストグラムの山の形は，頂点がなく，データの個数がばらついているので，箱の大きさが大きい㋒があてはまる。

2
・Aさん，Bさん，Cさんのデータの最大値は，いずれも45点である。
これは，いずれの人も1試合での最高得点が45点であったことを表しているので，㋐は正しい。
・AさんとCさんの中央値は25点なので，半分以上の試合で25点以上あげていることがわかる。
また，Bさんの中央値は30点なので，半分以上の試合で30点以上あげていることがわかる。よって，㋑も正しい。
・四分位範囲は，箱ひげ図の箱の部分の長さなので，もっとも小さいのはCさんである。よって，㋒は正しくない。
・Aさんの中央値は25点，Cさんの中央値も25点なので，㋓は正しい。

6 5 4 3 2 1
D C B A